S. Henry.

Librairie Garnier

(174)
1911

Cours de Physique
2me Année

4 feuilles 20 pages in 18 Jésus

à 3.300 exempl.

COURS DE PHYSIQUE

(2e ANNÉE. — JEUNES FILLLES)

ENSEIGNEMENT PRIMAIRE SUPÉRIEUR

Programmes du 26 juillet 1909

Collection d'ouvrages publiés sous la direction de M. V. MARTEL,
Directeur de l'École primaire supérieure de Rouen.

COURS DE PHYSIQUE

(DEUXIÈME ANNÉE)

PAR

E. HENRY

Agrégé de l'Université,
Professeur au Lycée Corneille et à l'École supérieure
des Sciences et des Lettres de Rouen.

176 FIGURES DANS LE TEXTE
198 EXERCICES ET PROBLÈMES

PARIS

LIBRAIRIE GARNIER FRÈRES

6, RUE DES SAINTS-PÈRES, 6

DIRECTION ET PROGRAMME

ÉCOLES PRIMAIRES SUPÉRIEURES DE JEUNES FILLES

Deuxième année.

« Dans toutes les années, le cours doit rester élémentaire et d'un caractère pratique. Il sera toujours fondé sur l'expérience.

« Le professeur s'attachera à multiplier les expériences et à les réaliser avec des objets usuels, évitant autant que possible l'emploi d'appareils compliqués. Il usera fréquemment de représentations graphiques et précisera son enseignement par des applications numériques toujours empruntées à la réalité.

« Enfin il ne perdra pas de vue qu'il n'a pas à faire des cours scientifiques complets. Il n'abordera que les points indiqués et se gardera d'un étalage d'érudition, le plus souvent sans aucun profit réel pour l'élève.

Pesanteur.

Poids d'un corps. Direction commune aux poids des corps en un même lieu. Fil à plomb, chute des corps. — Notions sommaires sur la balance.

Constatations expérimentales relatives aux liquides en repos. Horizontalité de la surface libre, niveau dans les vases communicants. Application au niveau d'eau, à la distribution d'eau dans les maisons, les jardins ou les rues, aux sources, aux puits artésiens, aux écluses de canaux, etc.

Pression des liquides sur les parois des vases qui les renferment : expériences diverses mettant cette pression en évidence, évaluation de cette pression; applications. Transmission des pressions par un liquide; idée des presses hydrauliques et des ascenseurs.

Principe d'Archimède établi expérimentalement. Applications : corps flottants; aéromètres à poids constant.

Notions élémentaires sur la détermination des densités.

Expériences simples mettant en évidence : 1º les propriétés générales des gaz telles que l'élasticité et le poids; 2º l'existence de la pression atmosphérique. Évaluation de cette pression. Baromètre. Manomètre.

Loi de Mariotte établie expérimentalement. Expériences diverses au moyen de la machine pneumatique. Pipette, pompe, siphon, aérostats.

Lumière.

Propagation de la lumière. Ombre et pénombre. Réflexion de la lumière sur un miroir plan; constatation expérimentale des faits; en déduire les lois.

Son.

Production et propagation. Réflexion. Echo.

LIVRE PREMIER

PESANTEUR

CHAPITRE PREMIER

DIRECTION DE LA PESANTEUR VERTICALE

---

1. Principe de l'inertie pour les corps en repos. — Nous constatons chaque jour *qu'un corps en repos a une tendance à conserver cet état de repos et qu'il résiste au mouvement qu'on cherche à lui communiquer.* Cette propriété de la matière est appelée *l'inertie dans le repos.*

Ex. : Une porte qui se ferme ne se met pas d'elle-même en mouvement; il a fallu un effort musculaire ou la force du vent pour la pousser.

Si un bateau se déplace à la surface de l'eau, nous reconnaissons toujours une cause qui le fait avancer : soit l'effort des rameurs tirant sur les avirons, soit l'action du vent sur la voilure, soit l'impulsion des roues ou d'une hélice mues par une machine à vapeur.

Nous appelons *force* toute cause pouvant tirer les corps de leur état de repos et les mettre en mouvement.

2. Pesanteur. — Poids d'un corps. — Prenons

un morceau de plomb, de bois, etc., et lâchons-le; il se met en mouvement et se précipite vers le sol (fig. 1).

Cette chute semble contraire au principe de l'inertie, mais il suffit de réfléchir un instant pour constater l'existence d'une force qui met le corps en mouvement.

Fig. 1. — Chute des corps.

Un corps qu'on lâche se précipite vers le sol.

En effet si nous soutenons le corps à l'aide d'un fil; il tire sur le fil et l'effort qu'on fait pour le soutenir met en évidence *la force qui sollicite le corps vers le sol*. Cette force s'appelle la *pesanteur*, et la grandeur de l'action de la pesanteur sur un corps se nomme le *poids* de ce corps.

3. Direction commune au poids de tous les corps en un même lieu — Verticale.

— A un fil attachons un corps solide quelconque, nous réalisons un instrument nommé *fil à plomb* (fig. 2). Quand le fil est en équilibre, la pesanteur tire dessus et sollicite le corps vers le sol; cette force a une direction qui est celle du fil. Ainsi la direction de la pesanteur en un endroit nous est donnée par le fil à plomb. *Cette direction se nomme la verticale du lieu.*

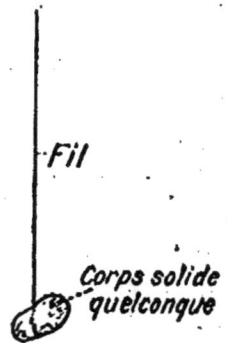

Fig. 2. — Fil à plomb. Il donne la direction de la pesanteur.

Fig. 3. — La verticale a une direction constante en un même point de la terre.

4. Propriétés de la verticale. — 1° *Sa direction est constante en un même point de la terre.*

En effet soit OP un fil à plomb en équilibre (fig. 3) on marque le point P, et après avoir écarté le corps de sa position, on l'abandonne à lui-même. On le voit exécuter quelques oscillations et revenir toujours à sa position première.

2° *La verticale est perpendiculaire à la surface d'un liquide au repos.*

On le constate à l'aide d'une équerre ABC dont un des côtés AB est appliqué contre le fil (fig. 4), l'autre côté BC coïncide exactement avec la surface du liquide. On nomme *plan horizontal* une surface plane perpendiculaire au fil à plomb, une droite tracée dans ce plan est une *horizontale.*

3° *La verticale est dirigée vers le centre de la terre.*

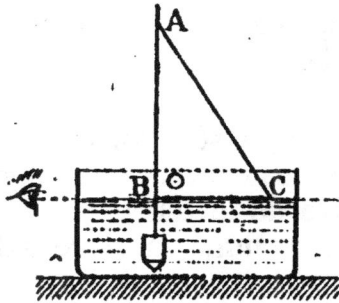

Fig. 4. — La surface d'un bain tranquille est perpendiculaire au fil à plomb.

Fig. 5. — Ce bain est une petite portion de l'eau qui entoure la terre.

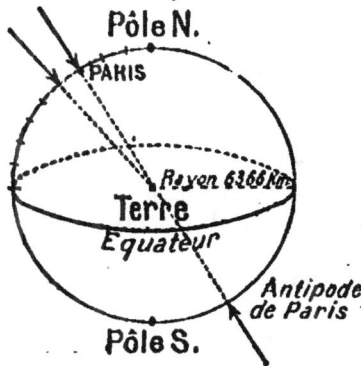

Fig. 6. — La pesanteur est dirigée vers le centre de la terre.

En effet, la surface de l'eau entourant la terre est sphérique, celle de notre bain l'est aussi (fig. 5); mais à cause de la faible étendue on peut la considérer comme plane. Le fil à plomb perpendiculaire à cette surface est dirigé vers le centre de la terre.

Les verticales de deux points éloignés font un angle qui dépend de la distance de ces deux points (fig. 6). Ex. : Le tour de la terre est de 40.000 km., et équivaut à 360°, donc à un angle de 1° correspond $\frac{40.000}{360} = 111$ km. 111. — En deux points diamétralement opposés (antipodes), deux corps tomberaient dans deux directions opposées en se dirigeant vers le centre de la terre.

En résumé la terre attire chaque corps vers son centre, et elle le maintient à sa surface avec une force qui est le poids de ce corps.

5. Parallélisme de deux fils à plomb. — Deux fils à plomb voisins sont pratiquement parallèles (1).

En effet si on place l'œil derrière un de ces fils (fig. 7) on voit qu'il cache l'autre; les deux fils sont donc dans un même plan.

D'autre part si on mesure leur distance, on voit qu'elle est partout la même.

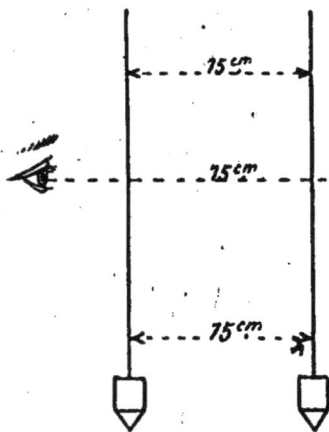

Fig. 7. — Parallélisme de deux fils à plomb voisins.

6. Applications. — 1° Le fil à plomb est utilisé pour régler et vérifier la verticalité d'un mur. A cet effet le fil passe dans un trou pratiqué au centre d'un disque ou d'une plaque carrée de même largeur que le cylindre de plomb (fig. 8). Ce disque étant appuyé

(1) En réalité si on les prolongeait ils se rencontreraient au centre de la terre.

sur le mur, le plomb (qu'on peut faire monter ou descendre) doit être tangent au mur, ne pas s'en écarter,
ni appuyer dessus.

2° Le fil à plomb sert à régler l'horizontalité d'une

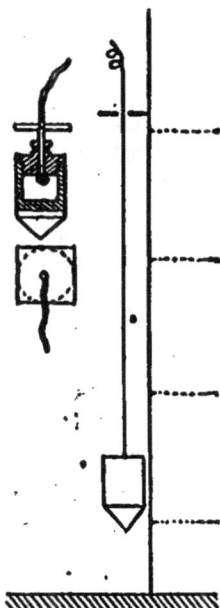

Fig. 8. — Mur verti-
cal.

Le fil à plomb est em-
ployé dans les cons-
tructions (on a figuré
à gauche les détails
du plomb).

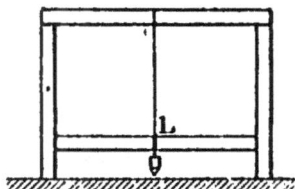

Fig. 9. — Surface horizontale.

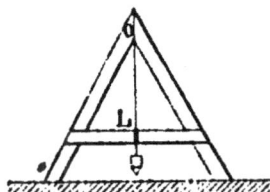

Fig. 10. — Surface horizontale.

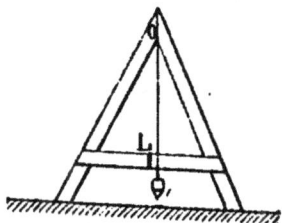

Fig. 11. — Surface inclinée.

surface plane. On emploie le niveau de maçon, formé
d'un cadre rectangulaire (fig. 9) ou d'un triangle iso-
cèle, en bois (fig. 10). Quand la surface d'appui est
horizontale, un fil à plomb fixé à la partie supérieure,
vient battre contre un trait L marqué sur la traverse
inférieure (fig. 10 et 11). On rend horizontales deux
droites du plan; de préférence deux droites rectangulaires.

QUESTIONS ET EXERCICES

1. Faire comprendre par des exemples en quoi consiste l'inertie dans le repos.

2. Qu'est-ce qu'une force? Donner des exemples de forces.

3. Définir la pesanteur, comment trouve-t-on sa direction?

4. Qu'appelle-t-on verticale d'un lieu? Quelles sont ses propriétés?

5. Comment constater que les surfaces de deux pierres de taille d'un mur sont dans un même plan vertical?

6. Expliquer les deux opérations à faire pour rendre horizontale une surface plane.

7. *Parallélisme de deux fils à plomb.* On se place à une certaine distance d'un poteau (1 mètre ou 2). Comment avec un fil à plomb tenu à la main peut-on vérifier si le côté du poteau est vertical?

8. Expliquer comment on peut régler la verticalité d'un jalon à l'aide d'un fil à plomb en se plaçant à quelque distance de ce jalon.

9. *Angle de deux verticales.* Trouver à la distance correspondant à un angle de 1' (mille marin).

10. Trouver celle qui correspond à un angle de 1".

11. Trouver la distance de Paris à Perpignan, sachant que l'angle des deux verticales est 8°.

12. Trouver l'angle de deux fils à plomb distants de 1 mètre, 1 kilomètre, 500 kilomètres.

13. La distance du point de suspension 0 (fig. 11) au trait L est 0 m. 50, le fil à plomb la traverse à 1 centimètre de distance du trait. Trouver l'inclinaison de la surface en degrés.

CHAPITRE II

POINT D'APPLICATION DU POIDS D'UN CORPS. — CENTRE DE GRAVITÉ

1. Centre de gravité.

1º Suspendons à un fil un corps pesant, une équerre, ABC par exemple. Quand il y a équilibre, la force qui sollicite le corps est dirigée suivant le fil; on marque la direction de cette force avec un fil à plomb et on la trace sur l'équerre, soit AM (fig. 12).

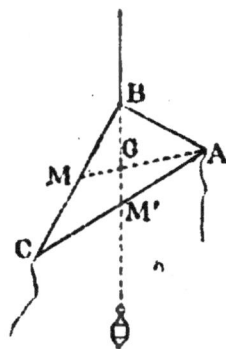

Fig. 12. — Détermination du centre de gravité.

Fig. 13. — Détermination du centre de gravité.

2º On recommence l'opération en suspendant l'équerre par un autre point B (fig. 13) les deux droites, AM et BM' tracées sur la planchette se coupent un point en G.

3º Attachons maintenant le fil en un point quelconque de l'équerre, on constate que la direction du poids passe toujours par le point G.

On aurait le même résultat avec un corps solide quelconque de forme invariable.

Ainsi la direction du poids d'un corps passe toujours par un point fixe, on peut donc considérer l'action de

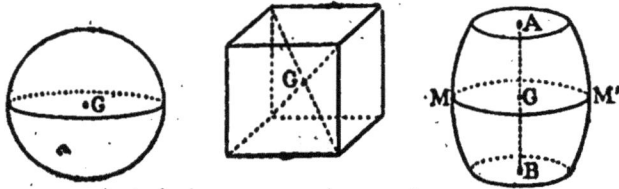

Fig. 14. — Centre de gravité de la sphère, du cube et du tonneau.

la pesanteur comme appliquée en ce point qu'on appelle CENTRE DE GRAVITÉ.

Le centre de gravité est le point d'application du poids d'un corps. Nous venons de voir la manière expérimentale de le déterminer.

2. Position du centre de gravité. — Le centre de gravité d'une droite est en son milieu. Quand un corps a un centre de symétrie, le centre de gravité coïncide avec ce point. Si le corps a un axe de symétrie le centre de gravité est sur cet axe (fig. 14).

Il peut arriver que le centre de gravité ne fasse pas partie d'un corps. Ainsi le centre de gravité d'une sphère est au centre, le centre de gravité d'un tonneau vide, au milieu G de la droite AB, axe de symétrie du tonneau.

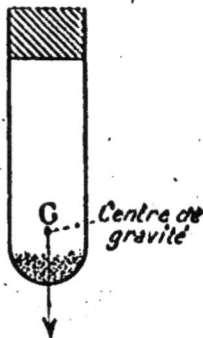

Fig. 15.

Quand un corps n'est pas homogène, c'est-à-dire n'a pas une constitution identique dans toutes ses parties, les énoncés précédents ne s'appliquent pas.

Ex. : Lestons un tube de verre (tube à essai) avec

de la grenaille de plomb, le centre de gravité G n'est plus au milieu du tube, mais très rapproché du plomb (fig. 15).

3. Propriété du centre de gravité. — Prenons une planchette, une règle plate, dont on a déterminé le centre de gravité et soutenons-la par ce point.

L'expérience montre que le corps est en équilibre dans toutes les positions, comme s'il n'était pas pesant.

Donc la pesanteur agit sur ce corps comme une force unique appliquée au centre de gravité et égale au poids du corps.

L'action de la pesanteur s'exerce réellement sur chaque parcelle du corps qui est pesant, mais l'effet est le même.

Si le centre de gravité ne fait pas partie du corps, tout se passe et on raisonne comme s'il était lié au corps d'une façon invariable.

4. Condition générale de l'équilibre d'un corps pesant. — 1° L'effet de la pesanteur, avons-nous dit, est le même que celui d'une force unique égale au poids et appliquée au centre de gravité.

2° Si donc le centre de gravité peut tomber, s'abaisser, il y aura chute ou déplacement du corps pesant.

3° *Quand le centre de gravité sera aussi bas que possible, alors il y aura équilibre.*

5. Equilibre d'un corps mobile autour d'un point fixe. — *Il y a équilibre quand le centre de gravité est sur la verticale du point de suspension.*

En effet le centre de gravité ne pourrait tomber verticalement sans déplacer le point de suspension lui-même.

Cette condition peut être réalisée de trois manières :

1° Le centre de gravité G est au-dessous du point

de suspension O, alors *l'équilibre est stable*, c'est-à-dire que le corps dérangé de sa position y revient. C'est le cas d'un lustre, d'un fil à plomb, de l'appareil réalisé avec un bouchon dans lequel on pique une épingle et deux fourchettes (fig. 16).

Fıo. 16. — Équilibre stable.

Le centre de gravité G est au-dessous du point de suspension O.

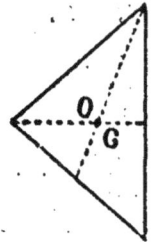

Fıo. 17.
Équilibre indifférent.

Le centre de gravité G et le point de suspension O coïncident.

2° Le centre de gravité coïncide avec le point de suspension O (fig. 17). Le corps est en équilibre dans une position quelconque autour de ce point, *l'équilibre est indifférent. Si donc on soutient un corps par son centre de gravité, la pesanteur n'influe en rien sur sa position d'équilibre.*

3° Le centre de gravité est au-dessus du point de suspension O (fig. 18). Il y a encore équilibre, mais pour le moindre déplacement le centre de gravité tourne et vient se placer le plus bas possible. *L'équilibre est instable.* Ex. : un cône, une canne en équilibre sur sa pointe.

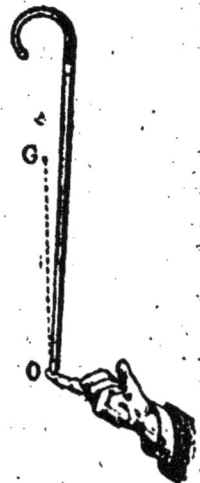

Fıo. 18. — Équilibre instable.

Le centre de gravité G est au-dessus du point de suspension O.

6. Équilibre d'un corps mobile autour d'un axe fixe. — Si le corps à deux points fixes, c'est-à-dire peut tourner autour d'un axe fixe passant par ces deux points, *il y a équilibre si la verticale du centre de gravité rencontre l'axe fixe.*

En effet le centre de gravité ne saurait alors se déplacer verticalement sans déplacer l'axe lui-même.

Il y a encore trois manières de réaliser l'équilibre :

1º Le centre de gravité est au-dessous de l'axe (*équilibre stable*). Ex. : un fléau de balance, un hamac attaché, les lampes suspendues à bord des navire (fig. 19).

2º Le centre de gravité est sur l'axe (*équilibre indifférent*). Ex. : une roue bien centrée, une pièce finie au tour et montée entre deux pointes (fig. 20).

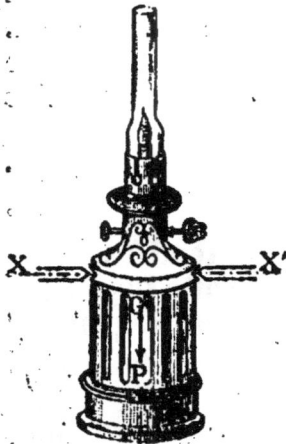

Fig. 19. — La lampe peut osciller autour de l'axe XX', l'équilibre est stable.

Fig. 20. — Équilibre indifférent.

Le centre de gravité est sur l'axe.

3º Le centre de gravité est au-dessus de l'axe (*équi-*

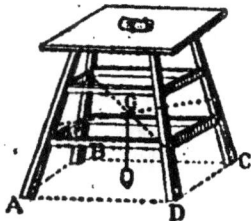

Fig. 21. — Équilibre stable.

La verticale du centre de gravité tombe à l'intérieur du polygone d'appui.

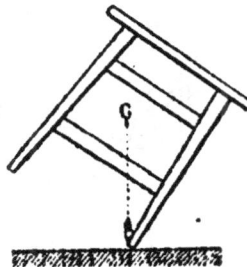

Fig. 22. — Équilibre instable.

La verticale du centre de gravité tombe sur la limite.

libre instable). Ex. : une roue de bicyclette dont la valve est en haut.

7. Équilibre d'un corps soutenu par plusieurs points. — Considérons un tabouret reposant sur un plan horizontal et soit ABCD le polygone d'appui. On a déterminé le centre de gravité G, on le marque avec deux fils croisés E F, H K, et on attache en ce point un fil à plomb (fig. 21).

1º On constate *que si le fil à plomb (verticale du centre de gravité) tombe à l'intérieur du polygone d'appui, l'équilibre est stable.*

En effet tout mouvement du tabouret tend à soulever le centre de gravité qui retombe ensuite (fig. 21).

2º Si on incline le tabouret de façon que le fil à plomb tombe *sur la limite du polygone d'appui, l'équilibre est instable* (fig. 22).

3º L'équilibre est impossible si le fil à plomb tombe

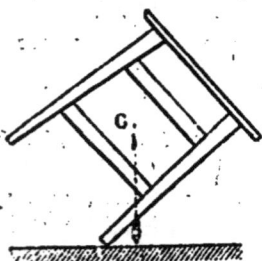

FIG. 23. — Équilibre impossible.

FIG. 24. — Équilibre d'un corps sur un plan incliné.

en dehors du polygone d'appui (fig. 23), le centre de gravité tombe pour se placer le plus bas possible.

Ces conditions d'équilibre sont générales.

4º Supposons maintenant qu'on soulève le plan sur lequel repose le tabouret (*équilibre d'un corps sur un plan incliné*), on retrouvera les mêmes conditions d'équilibre, pourvu que le frottement empêche le corps de glisser sur le plan (fig. 24).

8. Applications. — Ces conditions d'équilibre ont des conséquences pratiques très importantes :

1º Une voiture à roues hautes, très chargée dans les

parties supérieures est exposée à verser (fig. 25). En abaissant le centre de gravité, en faisant les roues basses et écartées, on accroît la stabilité (automobiles, tramways, fardiers).

2° L'homme est en équilibre, quand la verticale du centre de gravité tombe à l'intérieur du polygone d'appui formé par les deux pieds. On augmente la stabilité en écartant les pieds. Quand on porte des fardeaux on incline le torse de façon que la condition d'équilibre soit réalisée. L'équilibriste sur la corde est en équilibre instable à cause de la faible surface du polygone d'appui.

FIG. 25.

Cette voiture dont le centre de gravité est en B verse. Elle serait en équilibre si le centre de gravité était plus bas en A.

3° Les murs sont construits verticalement afin d'être en équilibre stable, pour cela on les dresse à l'aide du fil à plomb.

QUESTIONS

1. Comment déterminer le centre de gravité d'un panier vide et constater que la direction du poids passe toujours par ce point?

2. Après avoir déterminé le centre de gravité d'une planchette, on la soutient par ce point; quelle est la position d'équilibre de la planchette?

3. La bouteille irrenversable est une petite bouteille lestée au fond, par une masse de plomb hémisphérique (fig. 26). Si on la place dans la position 1, elle se relève pour se mettre dans la position 2; expliquer ce phénomène.

FIG. 26. — Bouteille irrenversable.

4. Un balancier de pendule peut tourner autour d'un axe fixe, indiquer la position d'équilibre stable et expliquer pourquoi.

5. Pour faire tenir une canne en équilibre sur le bout du

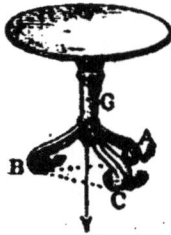

Fig. 27. — Guéri-
don en équilibre.

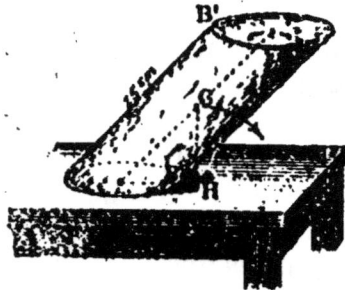

Fig. 27 bis. — La bûche BB'
tombe.

doigt, il faut continuellement déplacer la main, en donner la raison.

6. En roulant une barrique sur un plan horizontal, on constate qu'elle est en équilibre dans toutes les positions, expliquer pourquoi.

7. Pourquoi un cycliste ne peut-il rester en équilibre sur sa bicyclette arrêtée?

8. Indiquer pour quelles causes une auto a un équilibre très stable.

9. Le centre de gravité d'un pupitre à musique est à 1 m. 50 du sol, la largeur du pied est 0 m. 30. L'équilibre est-il très stable? Expliquer.

10. Pourquoi le guéridon de la fig. 27 est-il en équilibre stable? Pourquoi la bûche BB' tombe-t-elle? (fig. 27 bis)?

CHAPITRE III

INTENSITÉ DU POIDS D'UN CORPS. DÉTERMINATION A L'AIDE DU DYNAMOMÈTRE

1. Intensité du poids. — La terre attire chaque corps avec une force particulière, variable d'un objet à un autre; nous l'apprécions par l'effort à faire pour soulever et maintenir le corps. Il nous reste à étudier la grandeur de cette force, c'est-à-dire *l'intensité du poids.*

2. Dynamomètres. — Pour comparer des poids on se sert d'instruments nommés dynamomètres.

On peut faire usage d'un simple ressort à boudin, en fil d'acier ou de laiton, auquel on suspend le corps à peser. Le ressort s'allonge, et quand il y a équilibre, l'action du poids est équilibrée par la réaction du ressort (fig. 28).

Le peson à ressort est constitué par un ressort à

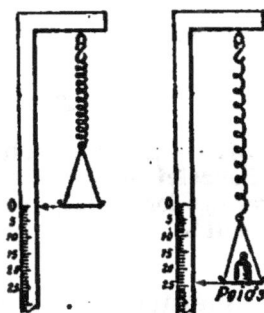

Fig. 28. — Dynamomètre.

Un ressort à boudin permet de mesurer un poids.

boudin (fig. 29) à l'extrémité duquel est un crochet pour soutenir le corps à peser. L'allongement est marqué par un index qui se déplace devant une plaque en laiton divisée.

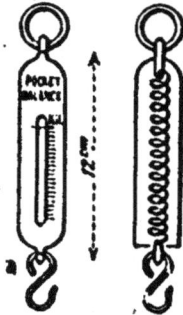

FIG. 29. — Peson à ressort.

La plaque de laiton et l'index ont été enlevés à droite pour montrer l'intérieur.

Le dynamomètre à flexion est formé d'une lame d'acier flexible (fig. 30) dont les branches peuvent se rapprocher plus ou moins.

Pour de très grands poids on utilise le dynamomètre de Poncelet, formé de lames d'acier parallèles ou de forme ovale (fig. 31). On fixe le milieu de l'une des lames B, on applique le poids au milieu de l'autre A. Un index a, qui peut glisser devant une réglette divisée D, mesure le déplacement.

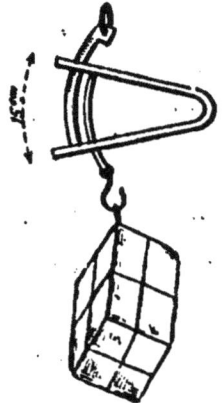

FIG. 30. — Dynamomètre à flexion.

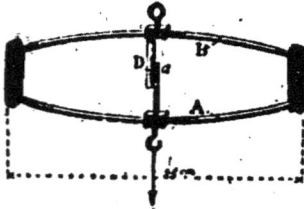

FIG. 31. — Dynamomètre de Poncelet. Il sert à mesurer des forces de grande intensité.

8. Comparaison des poids.

1° Accrochons au dynamomètre un corps A et mesurons l'allongement, puis retirons le corps A et mettons à sa place un autre corps B. Si l'allongement est le même, on dira que le poids de B est égal à celui de A.

2° Suspendons deux poids identiques à celui de A. Après avoir mesuré l'allongement retirons-les, et mettons à leur place un autre corps C. Si l'allongement est le même, on dira que le poids de C est le double de celui de A.

Donc deux poids sont égaux quand ils produisent successivement le même effet; un poids est le double, le triple d'un autre, quand il produit le même effet que deux, trois poids égaux à cet autre.

Pour graduer un dynamomètre on y suspendra successivement 1, 2, 3, etc., poids égaux à une unité déterminée, et à chaque fois on notera et marquera l'allongement ou la flexion du ressort.

4. Unité de poids. — Boîte de poids. — L'unité de poids est *le poids du kilogramme étalon international* (fig. 32). C'est le poids d'un *cylindre en platine iridié déposé au bureau international des poids et mesures, à Sèvres.*

Ce poids représente presque exactement celui d'un décimètre cube d'eau pure à 4° centigrades. On prend aussi comme unité de poids le poids du gramme qui en est la millième partie. Pratiquement c'est le poids d'un centimètre cube d'eau pure à 4° centigrades.

Kilogramme étalon
(vraie grandeur)

FIG. 32. — Étalon légal de masse.
(Loi du 11 juillet 1903.)

Pour faciliter la mesure des poids, on a construit des multiples et sous multiples du gramme et du kilogramme. On marque ces poids (poids marqués), on les réunit en boîte (fig. 33).

Les poids sont toujours égaux à 1, 2 ou 5 fois l'unité principale ou à 1, 2 ou 5 fois chacun des multiples et des sous-multiples décimaux. (*Chaque unité principale ou secondaire avec son double, et sa moitié.*)

On les arrange dans des boîtes, en y faisant figurer

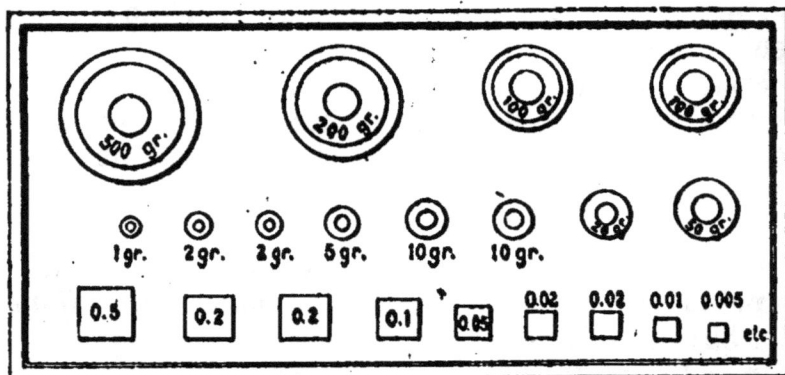

FIG. 33. — Boîte de poids marqués. (Échelle 1/2.)

deux fois chaque *unité* ou son *double*, afin de réaliser un nombre quelconque d'unités.

Ex. : la série ci-dessous permet de réaliser tous les poids de 1 m mg à 1.000 grammes.

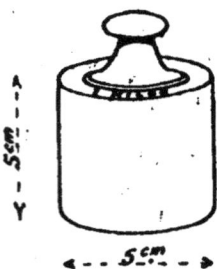

FIG. 34. — Poids de 1 kg. en laiton. La hauteur égale la largeur.

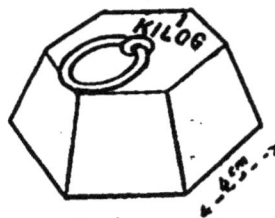

FIG. 35. — Poids de 1 kg. en fonte.

FIG. 36. Poids division-naire.

De 1 gramme à 2 kilogrammes on fait usage de poids cylindriques en laiton (fig. 34).

De 1 hectogramme jusqu'à 50 kilogrammes, on construit des poids en fonte (fig. 35).

Les subdivisions du gramme ont la forme de petites lamelles carrées en aluminium ou en laiton (fig. 36).

5. Mesure d'un poids. — 1° On suspend au dynamomètre le corps à peser et on marque à quel point s'arrête l'aiguille indicatrice. On remplace le corps par des poids marqués jusqu'à produire le même allongement. Ces poids représentent le poids du corps.

2° Il est plus rapide de graduer d'avance les points où s'arrête l'aiguille pour des poids connus : 1, 2, 3 kilogrammes, par exemple. Une simple lecture donne la valeur du poids.

L'expérience montre que les allongements sont proportionnels aux poids.

6. Avantages et inconvénients des dynamomètres. — Un dynamomètre gradué (fig. 29) permet de faire des pesées rapides, sans avoir à sa disposition des poids marqués. Mais en général ces instruments sont peu sensibles. La balance est plus sensible et plus précise.

QUESTIONS ET EXERCICES

1. Un ressort à boudin a une longueur de 0 m. 20, il s'allonge de 4 centimètres pour un poids de 1 kg 5, trouver sa nouvelle longueur, quand on y attache un poids de 10 kilogrammes.

2. Avec la boîte de poids de la fig. 94, réaliser un poids de 537 g. de 247 g. 77.

3. On fabrique un arc avec une lame d'acier flexible et une corde, expliquer comment on pourrait peser un poids quelconque avec cet instrument.

CHAPITRE IV

***

BALANCE

***

1. Objet de la balance. — Elle permet de comparer le poids d'un corps à un autre poids pris comme unité.

Ex. : elle détermine combien de fois le poids d'un corps vaut celui du gramme.

2. Description d'une balance de précision. —

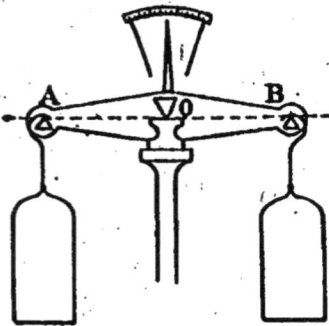

Fig. 37. — Schéma de la balance.

Elle comprend une barre rigide, le fléau, traversée par trois prismes en acier ou couteaux A, O, B, dont les arêtes sont parallèles entre elles et dans un même plan (fig. 37).

Le fléau tourne autour de l'arête O du couteau en milieu. Ce couteau s'appuie sur un plan horizontal en acier ou en agate.

Les couteaux extrêmes A, B, ont leurs arêtes tournées vers le haut et supportent deux plateaux identiques destinés à recevoir les corps à peser.

L'extrémité d'une longue aiguille, mobile devant

un arc gradué, sert à apprécier les déplacements du
fléau (fig. 38).

8. Équilibre. — La position d'équilibre à vide est
indiquée par l'aiguille. Le centre de gravité du sys-

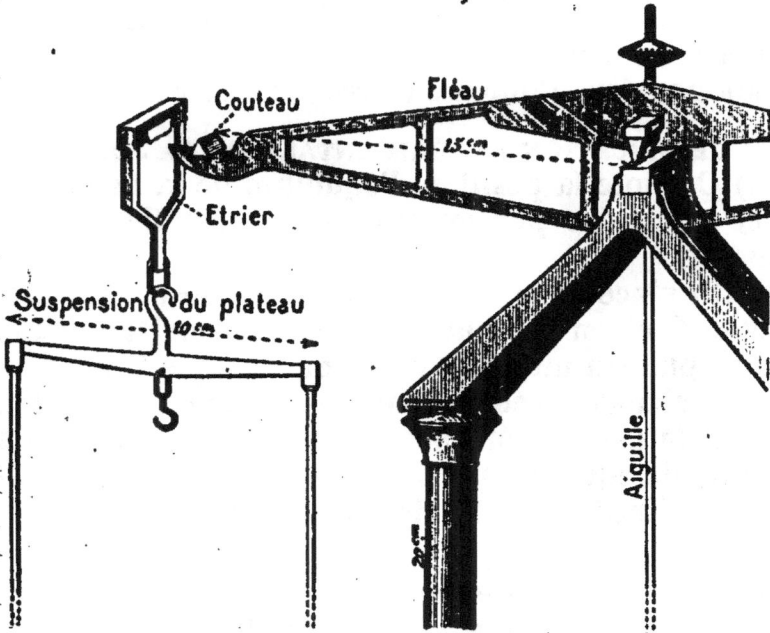

FIG. 38. — Détails d'une balance de précision.

tème est alors sur la verticale passant par l'arête du
couteau médian; sa distance à cet axe est une frac-
tion de millimètre.

4. Justesse.

1º DÉFINITION DE LA JUSTESSE. — Supposons la
balance vide et en équilibre. Notons la position de
l'aiguille. Plaçons maintenant deux poids égaux dans
chaque plateau; si la position de l'aiguille reste la
même qu'à vide, la balance est dite juste.

Ainsi *une balance est juste quand deux poids égaux
mis dans chaque plateau ne modifient pas l'équilibre.*

2º CONDITION DE LA JUSTESSE. — Pour qu'une balance soit juste *il faut que les deux bras du fléau* OA, OB *soient de même longueur.*

En effet, si les bras sont égaux et si on place le même poids dans chaque plateau, on a deux forces égales appliquées sur les couteaux extrêmes, par suite à égale distance du couteau du milieu; il n'y a donc aucune raison pour que l'une des forces l'emporte sur l'autre.

3º VÉRIFICATION EXPÉRIMENTALE DE LA JUSTESSE. — *a)* On note la position d'équilibre de la balance à vide, supposons par exemple que l'aiguille soit au zéro.

b) On place dans l'un des plateaux un corps quelconque C et on rétablit l'équilibre en mettant dans l'autre plateau un autre corps quelconque C'.

c) On change les corps de plateau (on met à droite la charge de gauche, on place à gauche la charge de droite); si l'équilibre persiste la balance est juste; sinon, elle s'incline du côté du bras le plus long (1).

5. Pesée simple avec une balance juste. — On place le corps à peser dans l'un des plateaux, on équilibre en mettant dans l'autre plateau des poids marqués. Si la balance est juste, ces poids représentent le poids du corps. L'opération est une simple pesée, on opère toujours ainsi dans le commerce.

La simple pesée suppose une balance juste. Rarement la balance est parfaitement juste, mais l'erreur faible qui en résulte n'a pas d'importance dans le commerce.

---

(1) En effet si les deux bras sont égaux, il a fallu deux poids égaux pour rétablir l'équilibre et quand on permute ces deux poids on ne change pas les forces agissantes.

Si un des bras OA est plus petit que l'autre OB, il faut, pour équilibrer en A, un poids plus grand, et quand on permute, le poids le plus grand est du côté du bras le plus long; l'équilibre est impossible.

6. Double pesée de Borda. — Pour les pesées de haute précision, on peut, par une opération appelée *double pesée*, obtenir le poids exact, même avec une balance qui n'est pas juste.

1° Supposons qu'on veuille peser un liquide et le verser dans un flacon. — On dispose le flacon sur le plateau A de la balance, dans l'autre plateau B on

Fig. 39. — Double pesée d'un liquide.

place un poids tare, supérieur au poids du flacon et du liquide (fig. 39); on rétablit l'équilibre en mettant en A les poids marqués, soit 75 grammes. — Ceci fait, on verse le liquide dans le flacon, l'équilibre est rompu et pour le rétablir il faut diminuer les poids placés à côté du flacon et enlever 45 grammes par exemple. Ces 45 grammes représentent le poids du corps. Ce procédé est commode et très général.

On peut encore faire la double pesée comme suit.

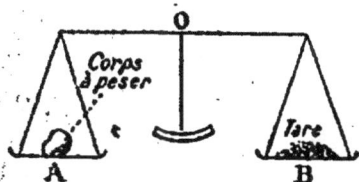

Fig. 40. — Double pesée.
L'équilibre établi on remplace le corps par des poids marqués.

2° On met le corps à peser dans l'un des plateaux A de la balance, on équilibre en mettant de l'autre côté un corps quelconque, grenaille de plomb par exemple, c'est ce que l'on appelle *faire la tare* (fig. 40). On retire le corps et on le remplace par des poids marqués. Ces poids représentent le poids du corps, puisqu'ils peuvent produire le même effet.

7. Avantage de la balance.

1° Sensibilité. — La balance permet de peser un

poids avec une très grande précision. A ce point de vue les balances diffèrent les unes des autres par une qualité spéciale *la sensibilité.*

On dit qu'une balance est sensible au centigramme quand un poids de 1 centigramme mis dans un des plateaux, le fait incliner d'une façon appréciable.

Pour avoir une très grande sensibilité, il faut que :

1° *Le fléau soit léger;*

2° *Les couteaux bien taillés;*

3° *Le centre de gravité très près du couteau central.*

2° Degré de précision. — Les balances d'analyse pour physiciens, pharmaciens, sont sensibles au milligramme et même au $\frac{1}{10}$ de milligramme. Elles peuvent peser jusqu'à 50 et 200 grammes. Une balance qui pèse 200 grammes à un milligramme près commet une erreur moindre que $\frac{1}{200,000}$, c'est un instrument excellent.

Pour les balances du commerce, il suffit qu'elles soient sensibles au gramme.

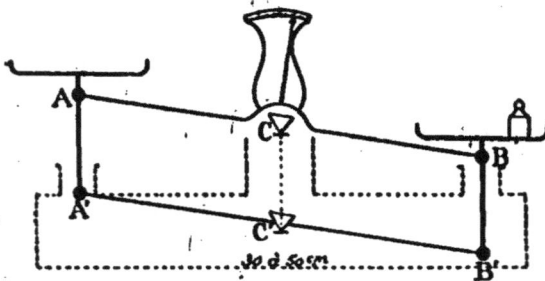

Fig. 41. — Schéma et dessin d'une balance de Roberval.

8. Balance de Roberval. — Elle comprend deux fléaux ACB, A'C'B' pouvant tourner autour des cou-

teaux C et C' ils sont articulés avec deux tiges verticales AA', BB' portant les plateaux, et ces
tiges restent ¡verticales quand la balance s'incline
(fig. 41).

Les conditions de justesse et de sensibilité sont les
mêmes que pour la balance ordinaire, mais les frottements sont plus grands.

Les balances de Roberval pour pharmaciens sont
sensibles au décigramme. Les bonnes balances du
commerce pouvant peser 10 à 15 kilogrammes, sont
sensibles à 1 ou 2 grammes.

Elles présentent les avantages suivants : transport
facile; fixité des plateaux; grande commodité pour
peser des objets encombrants.

**9. Balance et dynamomètre. — Variation du
poids.** — Soit un dynamomètre gradué en grammes à
Paris, pesons avec lui un corps C, soit 981 grammes
le poids trouvé.

Si on allait à l'équateur, et si on pesait avec le même
dynamomètre le corps C, on trouverait le chiffre
978 grammes.

Près du pôle le dynamomètre marquerait 983 grammes.

Donc le poids d'un même corps augmente en allant
de l'équateur vers le pôle, il varie d'environ $\dfrac{5}{1.000}$ ou
$\dfrac{1}{200}$ de sa valeur.

Reprenons le corps C et pesons-le avec une balance
à Paris, soit 981 grammes son poids.

Si on allait à l'équateur et si on pesait de nouveau
le corps C on trouvera encore 981 grammes.

Allons près du pôle et pesons le corps C, on trouvera
toujours 981 grammes.

La balance donne toujours le même chiffre. C'est
que, si le poids du corps augmente, celui des poids

marqués augmente aussi dans la même proportion; et l'équilibre, fait à Paris, subsiste partout.

QUESTIONS ET EXERCICES

1. On manque de poids divisionnaires, et, pour en fabriquer, on prend du fil de cuivre. Comment peut-on peser 1 gramme de ce fil par double pesée?

2. 1 gramme de fil a une longueur de 240 millimètres. Quelle longueur faudrait-il couper pour faire des poids de 0 g. 5, 0 g. 2, 0 g. 1? Comment vérifier ces poids par double pesée?

3. Un pharmacien veut verser dans une bouteille 50 grammes d'une solution, puis 20 grammes d'une autre, puis 10 g. 5 d'une autre. A-t-il besoin de peser la bouteille, et quel poids doit-il mettre à côté du flacon vide? Décrire l'opération.

4. On veut peser exactement 0 g. 25 d'un médicament. On dispose seulement d'une boîte de poids comme celle de la fig. 94 (pas de tare). Comment procéder?

5. On veut peser exactement 100 gouttes d'une solution en les versant dans une petite bouteille. Comment obtenir ce poids?

6. Une balance pèse 15 kilogrammes à 1 gramme près. Une autre pèse 50 kilogrammes à 5 grammes près. Laquelle des deux a la plus grande sensibilité relative?

CHAPITRE V

CHUTE DES CORPS

1. Chute, définition.

Un corps non soutenu tombe et se dirige vers le sol. Ce mouvement est appelé chute (1).

2. Chute dans le vide.

Dans le vide tous les corps ont le même mouvement de chute.

Il semble tout d'abord que les différents objets ne tombent pas de la même manière. Ainsi une bille de plomb arrive au sol avant un morceau de papier qu'on lâche en même temps qu'elle.

L'observation attentive montre que cette différence provient de la résistance de l'air qui ralentit le mouvement de chute de certains corps. En effet une feuille de papier étalée tombe moins vite que si elle est roulée en boule. Son poids est cependant le même dans les deux cas; mais une fois roulée, elle rencontre une résistance moindre de la part de l'air.

(1) Certains corps semblent faire exception. Ainsi de la fumée, une bulle de savon gonflée d'hydrogène, montent en l'air. Leur mouvement est analogue à celui d'un bouchon de liège qui, plongé dans l'eau, remonte à la surface. Nous verrons plus loin l'explication de ce phénomène.

Prenons encore une pièce de 10 centimes et un disque en papier de même diamètre, et lâchons-les en même temps de la même hauteur, on verra que le disque de métal tombera plus vite que la feuille de papier. Mais si on pose la feuille de papier sur la pièce sans qu'elle déborde, et si on les abandonne, elles arrivent au sol en même temps. C'est que la pièce supprime pour le papier la résistance de l'air.

Si donc on supprimait la résistance de l'air, il est à supposer que les corps auraient même mouvement de chute dans le vide. On réalise l'expérience avec un tube long en verre, contenant des corps de poids très différents (plomb, papier, barbes de plume, etc.). On y fait le vide (fig. 42), puis on le retourne brusquement on voit tous les corps arriver en même temps à l'autre bout du tube.

On recommence l'expérience après avoir laissé rentrer de l'air; on constate une différence dans le mouvement de chute. Les corps légers tombent moins vite; le retard est d'autant plus accentué qu'on laisse rentrer plus d'air.

FIG. 42.
Tube de
Newton
(1 m. 50).

3. Etude de la chute.

On ne peut étudier la chute dans le vide, on a fait cette étude dans l'air. Pour cela, on choisit un corps lourd et de faible volume, de façon que la résistance de l'air soit négligeable (1).

4. Lois de la chute.

a) DIRECTION DE LA CHUTE.

(1) En effet, si du haut d'un balcon on lâche simultanément des billes de plomb, d'ivoire, de cuivre, de poids différents, elles arrivent au sol en même temps. Pour cette faible hauteur de chute, on peut donc négliger la résistance de l'air.

Un corps tombe suivant la verticale.

En effet, soit *bc* (fig. 43) un fil à plomb ; si on place une bille contre le fil en *b* et si on l'abandonne, elle suit le fil et vient frapper le corps *c* placé verticalement dessous.

b) NATURE DU MOUVEMENT.

Le mouvenent de chute est uniformément accéléré.

En mesurant le chemin parcouru par un corps qui tombe librement on trouve :

4 m. 90 au bout de 1 seconde de chute,
4 m. 90 × 4 — 2 — —
4 m. 90 × 9 — 3 — —
4 m. 90 × t^2 — t — —

L'espace parcouru est le produit de 4 m. 90 par le carré du nombre de secondes qui mesure la durée de la chute.

En d'autres termes, les espaces parcourus sont proportionnels aux carrés des temps employés à les parcourir.

Un tel mouvement est dit uniformément accéléré.

Fig. 43. — Un corps tombe suivant la verticale.

Vitesse.

Supposons qu'au bout d'un temps t, 5 secondes par exemple, la pesanteur cesse d'agir sur le corps, celui-ci se déplacerait en mouvement uniforme et le chemin qu'il parcourrait en une seconde serait par définition sa vitesse au bout de t secondes.

Cette vitesse est de :

9 m. 81 au bout de 1 seconde de chute,
9 m. 81 × 2 — 2 — —
9 m. 81 × 3 — 3 — —
9 m. 81 × t — t — —

Les vitesses sont donc proportionnelles aux temps.

L'augmentation de vitesse est de 9 m. 81 par seconde. Ce nombre s'appelle *l'accélération* de la pesanteur.

Il varie un peu aux différents endroits de la terre, 9 m. 81 à

Paris, 9 m. 78 à l'équateur, 9 m. 83 au pôle. Il caractérise l'intensité de la pesanteur et sert à la mesurer.

5. Chute dans l'air. — Quand un corps tombe dans l'air le mouvement est d'abord uniformément accéléré. Mais à mesure que la vitesse augmente, la résistance de l'air augmente rapidement. Par suite, le mouvement accéléré se transforme, et finit par devenir uniforme. Ce résultat est atteint quand la résistance de l'air devient égale au poids du corps et lui fait équilibre.

Fig. 43. — Parachute. Garnerin, 1802). — Diam., 9 m.

Des corps très petits et très légers, tels que les poussières, les gouttelettes d'eau du brouillard tombent avec une lenteur extrême. Le moindre mouvement d'air ascendant les soulève.

Le parachute, parfois employé dans les descentes par les aéronautes, est une application de la résistance de l'air à la chute (fig. 44).

QUESTIONS ET EXERCICES

1. Énoncer les lois de la chute des corps dans le vide.

2. Expliquer pourquoi une averse de pluie tombe en gouttes, d'un mouvement uniforme.

3. Un aéronaute jette du lest en laissant tomber du sable, la chute du sable est-elle dangereuse pour les personnes placées en-dessous?

4. Trouver l'espace parcouru au bout de six secondes par une balle de plomb. L'accélération de la pesanteur est 9 m. 8 par seconde.

5. Combien de temps mettrait une bille de plomb pour tomber d'une hauteur de 44 m. 10?

Quelle serait sa vitesse au moment où elle touche le sol? Accélération de la pesanteur 9 m. 8.

6. Décrire le parachute, en expliquer le fonctionnement.

7. Le marteau d'eau est un tube fermé, vide d'air et à moitié rempli d'eau. Quand on le retourne l'eau tombe en bloc et frappe un coup sec sur l'autre extrémité. Expliquer l'expérience.

LIVRE DEUXIÈME

HYDROSTATIQUE

ou

ÉQUILIBRE DES LIQUIDES

CHAPITRE PREMIER

SURFACE LIBRE D'UN LIQUIDE EN ÉQUILIBRE

Rappelons les caractères d'un liquide. Un liquide est pesant, pratiquement incompressible et fluide. Les particules liquides peuvent glisser les unes sur les autres sans frottement, de sorte que le liquide prend la forme du vase qui le contient.

1. Surface libre d'un liquide au repos. — Si on met dans un vase de l'eau ou un liquide quelconque, nous avons déjà constaté que la surface libre est plane; c'est la surface plane la plus parfaite qu'on puisse réaliser (fig. 44).

Nous avons vu aussi qu'elle est horizontale, c'est-à-dire perpendiculaire à la verticale.

La surface libre d'un liquide au repos est donc plane et horizontale.

Il ne peut en être autrement (fig. 45). En effet la condition d'équilibre d'une partie quelconque *m* est d'être placée le plus bas possible; si la surface n'est pas horizontale la partie *m* peut descendre et il ne peut y avoir équilibre (1).

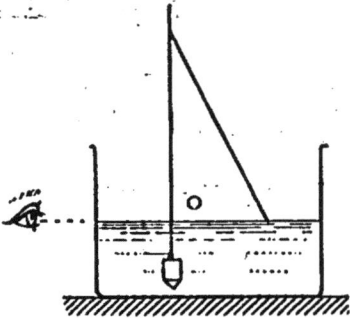

Fig. 44. — La surface d'un liquide en repos est plane et horizontale.

Application. — **Niveau à bulle d'air.** — Le niveau à bulle est une application de l'horizontalité de la surface libre d'un liquide en repos.

Il comprend un tube en verre légèrement courbe et fermé. On l'a rempli d'alcool en y laissant une bulle d'air. Ce tube est placé dans une gaîne métallique supportée par une règle plate (fig. 46).

La surface inférieure de la bulle est horizontale; la règle est horizontale et parallèle à cette surface quand la bulle est entre deux traits *a* et *b* nommés repères, tracés sur le tube.

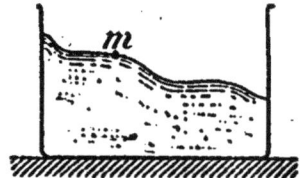

Fig. 45. — Le liquide n'est pas en équilibre parce qu'une partie, telle que *m*, peut descendre.

Pour rendre un plan horizontal, on rend horizontales deux droites rectangulaires de ce plan.

Les usages de ce niveau sont très nombreux.

2. Vases communicants. — Dans deux ou plu-

(1) Une surface de grande étendue est réellement sphérique, car l'horizon qui limite la vue en mer est de forme circulaire; et quand un navire s'éloigne c'est la coque qui disparaît d'abord au-dessous de l'horizon, puis les bas mâts, enfin le sommet.

sieurs vases communicants la surface libre du liquide est dans un plan horizontal.

Versons du liquide dans deux vases A et B réunis par un tube de caoutchouc et visons la surface libre, on la voit dans un même plan horizontal (fig. 47).

FIG. 46.
Niveau à bulle d'air sur un plan horizontal.

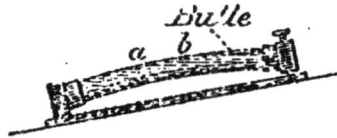

FIG. 46 bis.
Niveau à bulle d'air sur un plan incliné.

On peut encore tracer sur un mur une droite horizontale HH' et constater que si dans l'un des vases A le liquide est au niveau du trait, il s'élève aussi dans l'autre vase B à la même hauteur (fig. 48).

Applications. 1° *Altitude d'un lieu.* — Le niveau moyen des mers est partout le même. C'est pourquoi

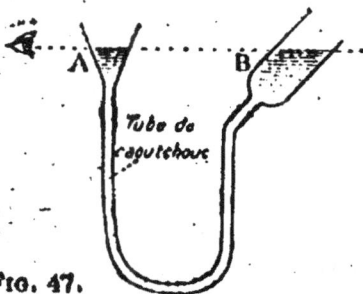

FIG. 47.
La surface libre du liquide est dans un plan horizontal.

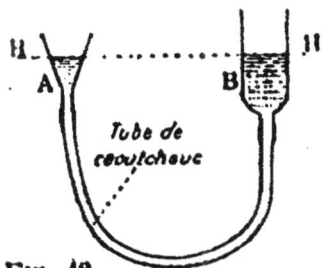

FIG. 48.
Le liquide s'élève partout à la même hauteur.

on mesure la hauteur des montagnes et l'altitude des différentes régions au-dessus de ce niveau :

2° *Niveau d'eau.* — Il est formé de deux fioles de verre, identiques, montées aux deux extrémités d'un tube en métal (fig. 49). On y met de l'eau, soit A et B les deux niveaux; *quand on fait tourner le tube sur son pied les niveaux A et B restent dans un même plan horizontal.*

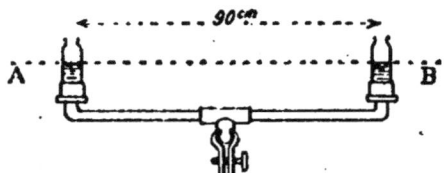

FIG. 49. — Niveau d'eau.
Le niveau de l'eau dans les fioles est toujours dans un même plan horizontal AB.

Pour mesurer la différence de niveau de deux points PP', l'arpenteur vise suivant la surface libre AB ; un aide place une mire verticalement en P et fait monter ou descendre le voyant jusqu'à ce que le centre H soit dans la ligne de visée (fig. 50). On lit sur la règle la hauteur PH. On fait la même opération pour la mire placée en P'. La différence P'H' — PH donne la différence de niveau. On nivelle ainsi des terrains de peu d'étendue.

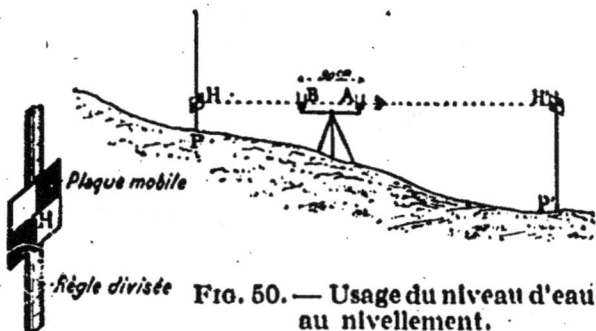

FIG. 50. — Usage du niveau d'eau au nivellement.

3º *Distribution de l'eau dans les villes.* — On établit un réservoir sur un endroit élevé et on y refoule de l'eau à l'aide de pompes puissantes. Quelquefois on amène l'eau au réservoir en utilisant la pente naturelle du sol.

Du réservoir partent des conduites qui se ramifient et aboutissent aux robinets de distribution.

Si l'on ouvre un robinet, l'eau jaillit avec une force capable de la faire monter au même niveau que dans le réservoir.

4º *Jet d'eau.* — Les jets d'eau qui embellissent les

jardins sont basés sur le même principe (fig. 51). L'eau du jet ne s'élève pas tout à fait au niveau MN à cause du frottement du liquide dans les tuyaux, de la résistance de l'air et du choc des gouttelettes qui retombent.

5° *Écluses.* — On élève le niveau de l'eau des rivières et on rend ces rivières navigables en disposant à certains endroits des barrages à écluses. Le niveau est plus élevé en amont. Soit à faire passer un bateau d'aval en amont (fig. 52).

On ouvre les vannes des portes A*v*, le niveau de l'eau devient le même en aval et dans le sas. Les éclusiers ouvrent les portes A*v*, font rentrer le bateau puis ferment

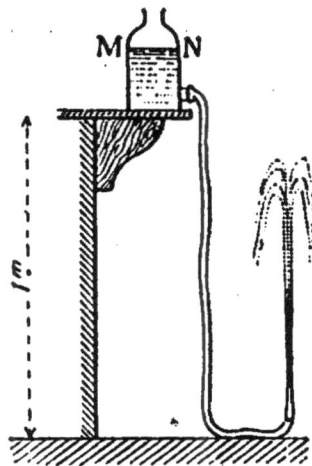

Fig. 51. — Jet d'eau.
L'eau du jet tend à s'élever jusqu'au niveau MN.

les portes derrière lui. Ils ouvrent alors les vannes des portes d'amont; l'eau monte dans l'écluse et soulève le bateau. Les niveaux une fois établis, on ouvre les portes A*m* et le bateau passe.

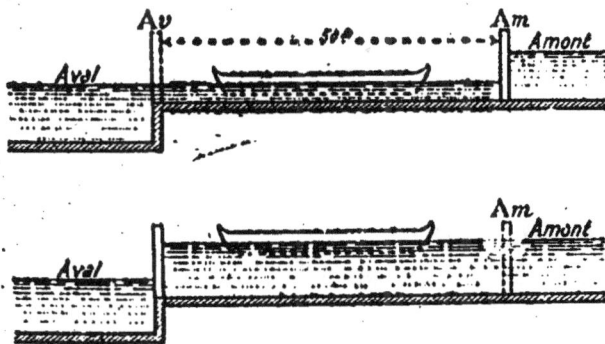

Fig. 52. — Passage d'un bateau d'aval en amont.

6° *Puits artésiens.* — Ce sont des puits d'où l'eau jaillit à une hauteur plus ou moins grande au-dessus du sol. Généralement on l'emprisonne à l'aide d'un tube aboutissant à un réservoir d'où partent les conduites pour la distribuer.

Ainsi l'eau des puits artésiens de Grenelle et de

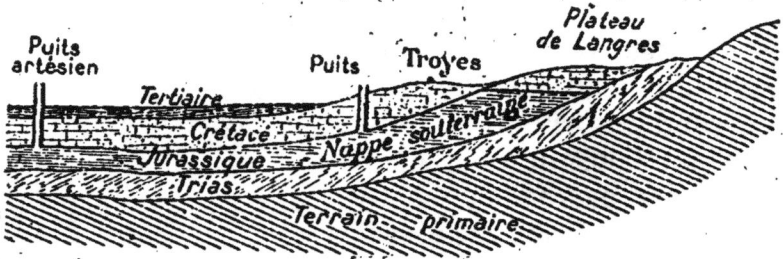

Fig. 53. — Coupe schématique des terrains du bassin de Paris.

Passy jaillit à 37 m. de haut, ces puits ont 548 et 586 m. de profondeur.

L'eau de ces puits provient d'une nappe souterraine imprégnant une couche de sable qui affleure en Champagne et forme un plateau de 130 mètres d'altitude. L'eau qui s'y infiltre est emprisonnée entre deux

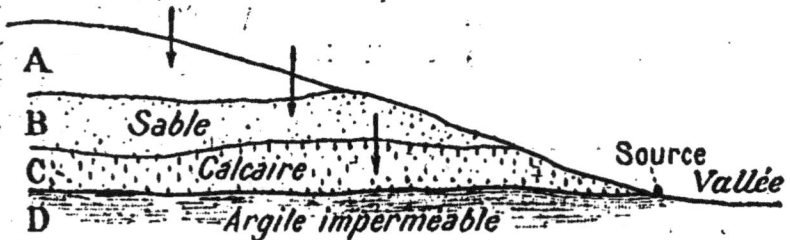

Fig. 54. — Formation des sources.
L'eau de pluie coule sur la roche imperméable et vient soudre en S.

couches imperméables (fig. 53). A Grenelle, où l'altitude n'est que de 30 mètres, on a foré un puits atteignant la couche aquifère et l'eau par cette issue jaillit pour atteindre le niveau qu'elle a dans la couche perméable (1).

(1) A cause des frottements elle ne peut l'atteindre.

Les puits artésiens ont une origine analogue.

Dans le Sahara algérien, les nombreux puits artésiens creusés par les Français ont permis de créer des
oasis.

7º *Sources.* — Les sources sont encore dues à la
tendance de l'eau à prendre partout le même niveau.

Supposons une vallée, creusée dans des couches A
B C perméables, qui reposent sur une couche D imperméable (fig. 54). L'eau des pluies traversera les couches ABC, formera ensuite une nappe qui s'écoulera
sur D et viendra sourdre en S.

8º *Puits ordinaires.* — Le sol et le sous-sol forment une immense éponge où l'eau s'infiltre. Si on
creuse un puits, l'eau viendra s'y
amasser pourvu que le fond soit
étanche et elle s'y maintiendra à
une certaine hauteur.

**3. Équilibre des liquides su-
perposés.** — Agitons dans une
bouteille de l'eau et du pétrole.
Les deux liquides se superposent
par ordre de densité ; le plus dense

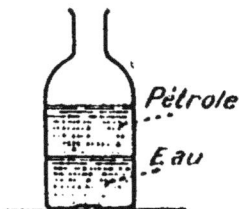

Fig. 54 *bis.*
Équilibre de liquides
superposés.

(l'eau) en dessous, le moins dense (pétrole) en dessus, et la surface de séparation comme la surface libre
est plane et horizontale (fig. 54 bis).

QUESTIONS

1. Montrer par l'observation que la surface libre d'un liquide
est toujours horizontale.

2. Indiquer le principe du niveau d'eau.

3. Démontrer que la surface libre de l'eau dans le niveau est
toujours dans le même plan horizontal, même quand l'une des
fioles s'abaisse et que l'autre monte.

4. Pourquoi le niveau d'eau ne permet-il pas de niveler deux
points assez éloignés, de 200 mètres par exemple?

5. La bulle d'un niveau parcourt 2 centimètres quand l'inclinaison du plan est de 1°, trouver le rayon du niveau.

6. Au rez-de-chaussée, l'eau de la ville jaillit, avec plus de force qu'au 4° étage d'une maison, expliquer pourquoi.

7. Expliquer les avantages d'un système d'écluses dans une rivière peu profonde.

8. Pourquoi ne peut-on éteindre un feu de pétrole en jetant de l'eau dessus?

CHAPITRE II

PRESSIONS DES LIQUIDES

1. Notion de pression. — Soit une brique ordinaire mesurant 22 cm. 10 cm. 6 cm. posons-la à plat sur une table sur la face 22 cm. 10 cm. (fig. 55). Son

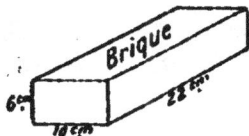

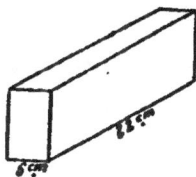

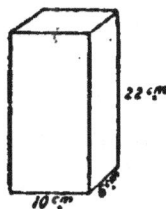

FIG. 55.   FIG. 56.   FIG. 57.

poids, 2.640 grammes, est une force répartie sur une surface de 220 cm², la force exercée par cm² est donc :

$$\frac{2.640}{220}\ g. = 12\ \text{grammes.}$$

C'est la pression exercée par la brique sur son support.

Posons la brique sur la face 22 cm. 6 cm. la surface d'appui est 132 cm² (fig. 56), la pression ou force par centimètre carré devient $\frac{2.640}{132}\ g. = 20$ grammes.

Plaçons-la sur la face 10 cm. 6 cm. (fig. 57), la pression change et devient $\frac{2,640}{60} = 44$ grammes.

Si on posait cette brique sur une règle à section

carrée de 1 cm. de côté, la pression serait de 2.640 g.; si la règle avait un millimètre de côté, la pression deviendrait $\frac{2.640}{0,01} = 264.000$ grammes par cm².

La *pression est donc la force exercée par unité de surface*. Pour la trouver, il faut mesurer la force F exercée sur une surface déterminée S, et faire le quotient $\frac{F}{S}$.

2. Unité de pression. — On peut prendre le gramme par centimètre carré de surface, comme dans l'exemple précédent. Dans l'industrie on prend souvent le kilogramme par centimètre carré.

Quelquefois on évalue la pression en hauteur d'un liquide. Ex. : une pression de 10 centimètres d'eau; c'est la pression produite par le poids d'une colonne d'eau cylindrique de 10 cm. de haut et de 1 cm² de section, soit 10 grammes.

3. Les liquides exercent des pressions sur les parois des vases. — Soit V un vase muni de trous

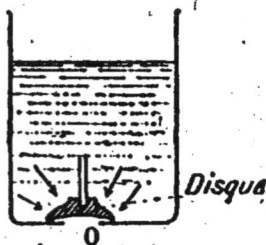

FIG. 58.
Pressions des liquides.
Le disque est appuyé sur l'orifice O par la pression du liquide.

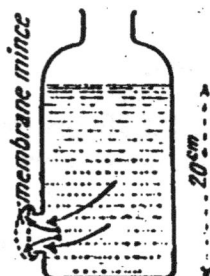

FIG. 59.
La pression du liquide repousse la membrane de caoutchouc.

tels que O; on pose sur cet orifice un disque obturateur et on verse de l'eau dans le récipient (fig. 58), le disque reste appliqué sur l'orifice. Pour le détacher il faut tirer dessus et vaincre la pression qui l'applique sur la paroi.

Si un orifice était fermé par une paroi mince en caoutchouc (fig. 59), on verrait la membrane s'infléchir en dehors, d'autant plus que la hauteur du liquide versé est plus grande.

Ces expériences simples mettent en évidence les pressions exercées par les liquides sur les parois des vases.

4. La pression est normale à la paroi. — En effet si on fait communiquer un réservoir d'eau, avec un vase percé de trous (pomme d'arrosoir (fig. 60), tube de seringue à trous, on verra le liquide jaillir normalement à la paroi.

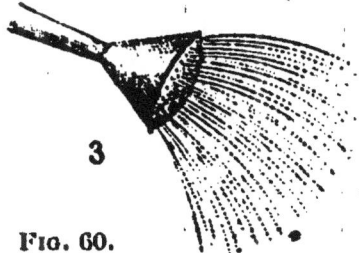

FIG. 60.

Jets d'eau s'échappant d'une pomme d'arrosoir ; leur direction indique celle de la pression. Elle est normale à la paroi.

5. Grandeur de la pression de haut en bas sur le fond plan et horizontal d'un vase. — 1º Nous prenons d'abord un vase de forme cylindrique.

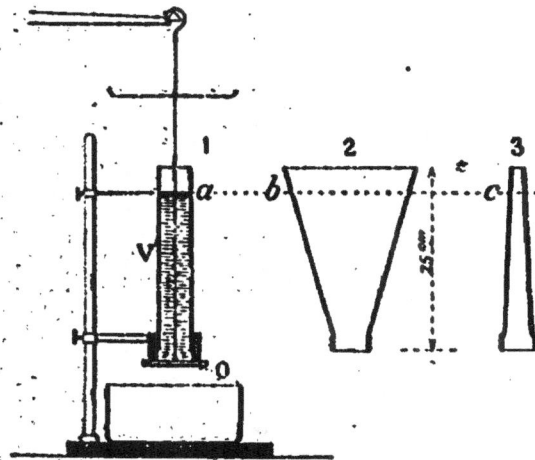

FIG. 61. — Mesure de la force exercée sur la paroi de l'obturateur de haut en bas.

Soit V ce vase ; le fond est un disque obturateur mobile O que l'on attache par un fil au plateau d'une balance (fig. 61). On fait la tare du disque et on l'applique sur le vase en plaçant un poids convenable dans l'autre plateau, soit 200 grammes.

On verse peu à peu un liquide (de l'eau par exemple) dans le vase V. Ce liquide presse sur le fond et quand il atteint une certaine hauteur, l'eau fuit et commence à tomber.

Alors la force exercée par le liquide sur le fond, de haut en bas, est de 200 grammes.

Si on pèse l'eau que renferme le vase on trouve que son poids est de 200 grammes.

Donc, dans un vase cylindrique, la force exercée par un liquide sur le fond horizontal d'un vase, est égale au poids d'un cylindre de liquide ayant comme base le fond, et pour hauteur la distance du fond à la surface libre.

2º Remplaçons maintenant le vase cylindrique par un autre, évasé b, ou rétréci c, mais ayant le même fond ; on verra qu'il faut toujours verser la même hauteur de liquide pour détacher l'obturateur et exercer sur le fond une force de 200 grammes.

Donc, la force exercée par un liquide sur le fond horizontal d'un vase est égale au poids d'un cylindre de liquide ayant comme base le fond et pour hauteur la distance du fond à la surface libre.

Ceci est vrai quelle que soit la forme du vase.

Soit S la surface du fond du vase, en cm² ;

h la hauteur du liquide versé en centimètres ;

d son poids spécifique.

La force exercée $F = S \times h \times d$ grammes.

La pression P ou force par cm² est donc $p = h \times d$ grammes.

6. Pressions de bas en haut. — Reprenons le vase V fermé par un disque obturateur mobile O, et plongeons-le dans un liquide, le disque ne tombe pas (fig. 62).

Pour le détacher il faut placer dessus des poids qui représentent la force F exercée par le liquide de haut en bas.

On peut encore mesurer cette force en versant doucement du liquide dans le vase. L'obturateur tombe
quand le niveau du liquide est le même dans le vase V
et dans le vase extérieur. Par con-
séquent la force exercée sur une
surface horizontale S, de bas en
haut, est égale à celle que le liquide
exerce sur cette surface de haut
en bas.

La force a pour valeur $S \times h \times d$
grammes, et la pression a pour
valeur $h \times d$ grammes.

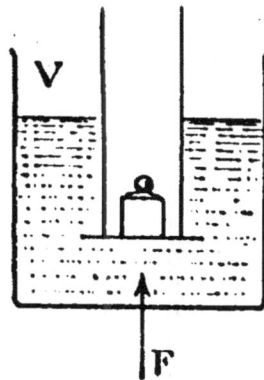

**7. Pressions dans un plan
horizontal et à l'intérieur du
liquide.** — Dans un liquide en repos, une tranche AB contenue dans
un plan horizontal est également

Fig. 62.
Pression F s'exerçant
de bas en haut.

pressée de chaque côté par une pression $p = h \times d$
et la pression est la même pour tous les points de ce
plan horizontal (fig. 63).

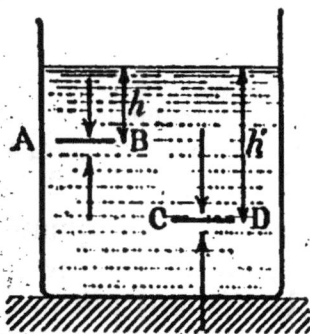

Fig. 63. — Pressions à
l'intérieur d'un liquide.

Et sur les deux tranches AB
et CD à des hauteurs h et h',
la pression est différente. La
différence des pressions est
égale au poids d'un cylindre de
liquide ayant comme base 1 cm³
et comme hauteur la distance
verticale des deux niveaux :

$$p' - p = (h' - h)\ d \text{ grammes.}$$

**8. Pressions sur les pa-
rois latérales.** — La pression
en un point A d'une paroi est la même que si la
paroi était horizontale. Sur un centimètre carré de
paroi (dont tous les points seraient pressés comme le
point A) la pression est encore mesurée par le poids

d'un cylindre de liquide, ayant pour base 1 cm² et pour hauteur la distance du point A à la surface libre.

Pour une paroi d'une certaine étendue, on démontre que la force exercée par le liquide est égale au poids d'un cylindre de liquide ayant pour base la surface de la paroi et pour hauteur la distance du centre de gravité de la portion de la paroi à la surface libre.

Remarque. — La pression et la force exercées par un

FIG. 64.
Crève-tonneau.

Un peu d'eau versée dans le tube fait éclater le tonneau.

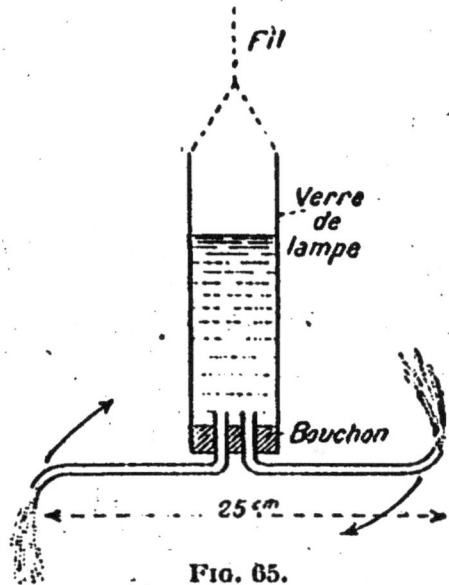

FIG. 65.
Tourniquet hydraulique.

La pression de l'eau sur la paroi opposée à l'orifice fait mouvoir le tourniquet.

liquide sur une paroi dépendent, non pas de la quantité de liquide contenu dans le vase, mais seulement de la hauteur du liquide. Pascal le démontrait par l'expérience du crève-tonneau (fig. 64). Un tonneau plein de liquide était surmonté d'un tube long et étroit. En versant dans ce tube une faible quantité d'eau, il produisait une pression assez forte pour faire éclater le tonneau.

3. Applications. — La connaissance de la pression

exercée par les liquides sur les parois des récipients, permet de calculer les forces produites sur les barrages, portes d'écluses, vannes, etc.

Le tourniquet hydraulique est une application des pressions latérales (fig. 65). Quand l'eau s'écoule, l'appareil tourne en sens contraire de l'écoulement. Ceci s'explique par l'effet de la pression que le liquide exerce sur la paroi opposée à l'orifice d'écoulement. Si l'orifice était fermé, l'appareil serait immobile parce que les deux pressions opposées se feraient équilibre.

Les turbines hydrauliques, certains appareils d'arrosage, sont basés sur le même principe.

QUESTIONS ET EXERCICES

1. Le clapet de vidange d'une baignoire a 6 centimètres de diamètre, la hauteur de l'eau est de 60 centimètres, trouver la force à faire pour soulever le clapet.

2. Trouver la pression au fond d'un océan à 8.000 mètres de profondeur. Densité moyenne de l'eau de mer 1,025.

3. Quand on pêche un poisson à une profondeur de 30 à 40 mètres, le ventre est distendu et les yeux sont boursouflés, expliquer ce phénomène.

4. Une automobile pèse 1.200 kilogrammes; la pression de l'air dans les chambres à air est de 6 kilogrammes par centimètre carré, trouver l'étendue de la surface d'appui des roues sur le sol. Y a-t-il avantage à employer de grosses jantes?

5. Pourquoi les jantes des grosses voitures lourdement chargées sont-elles larges?

6. Une colonne en granit de 4 mètres de haut, à section carrée de 60 centimètres de côté, doit être édifiée sur un sol peu résistant. Quelle serait la pression si on la posait verticalement sur le sol?

On lui fait un socle carré de 2 mètres de côté. Trouver la nouvelle pression; avantage.

7. Une vanne rectangulaire de porte d'écluse mesure 50 centimètres de hauteur et 60 centimètres de largeur, le bord supérieur est à 5 mètres de la surface, trouver la force qu'elle supporte.

8. Une porte d'écluse mesure 6 mètres de large et l'eau la mouille d'un côté sur une hauteur de 6 mètres, de l'autre sur une hauteur de 2 mètres, trouver la force à laquelle doit résister cette porte.

9. Un barrage de retenue arrête l'eau dans une vallée. L'eau s'élève à une hauteur de 40 mètres. Trouver la force qu'elle exerce sur un mètre carré à 40 mètres de profondeur.

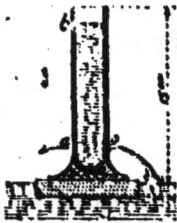

10. Une écluse a 12 mètres de large, pourrait-on facilement ouvrir les portes s'il existait entre le bief d'amont et d'aval une différence de niveau de 0 m. 50? Quelle force faudrait-il déployer?

11. Un tonneau ordinaire déjà plein d'eau est surmonté d'un tube étroit de 10 mètres de haut. On remplit d'eau ce tube, quelle serait l'augmentation de la force pressant sur le fond du tonneau?

FIG. 66.
Vase à réaction.

Diamètre du fond 0 m. 50.

12. Sur un flotteur on met une éprouvette percée d'un trou O (fig. 66). On y met de l'eau et on voit l'appareil reculer en sens contraire de l'écoulement; expliquer ce fait.

CHAPITRE III

TRANSMISSIONS DES PRESSIONS PAR UN LIQUIDE

Dans les exemples précédents, les pressions exercées par les liquides résultent du poids des couches de ces liquides.

A ces pressions peuvent s'en ajouter d'autres si l'on vient à comprimer le liquide.

1. Loi de la transmission des pressions (dite, principe de Pascal). — Imaginons un vase plein de liquide (de l'eau, par exemple), et sur cette eau un piston P permettant de la comprimer (fig. 67). Si avec ce piston on exerce une pression de 3 kilogrammes par centimètre carré, la pression va augmenter de 3 kilogrammes sur chaque centimètre carré, pris n'importe ou, soit en *a*

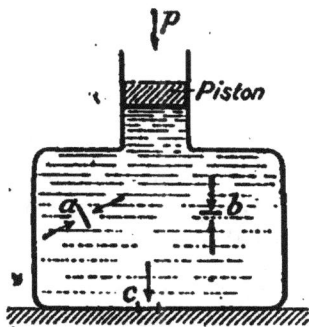

FIG. 67. — Transmission des pressions.

Si on exerce une pression *p* sur un liquide, chaque cm² reçoit un accroissement de pression égal à *p*.

ou en *b* dans le liquide, soit en *c* sur une paroi.

Donc : DANS UN LIQUIDE LES PRESSIONS SE TRANSMETTENT INTÉGRALEMENT.

Cette loi de la transmission des pressions est connue sous le nom de *principe de Pascal*. Elle est démontrée par ses conséquences, en particulier par la presse hydraulique.

2. Presse hydraulique.

Principe. — Elle comprend essentiellement deux vases cylindriques V et V' inégaux, un petit et un grand (fig. 68). Ils communiquent ensemble et sont fermés par deux pistons mobiles P et P'; de l'eau ou de la glycérine remplit l'appareil.

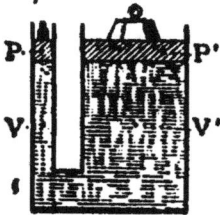

Supposons que la surface du petit piston P soit 2 cm² et celle du grand 200 cm². Appuyons sur P avec une force de 10 kg, la pression exercée sera de $\frac{10}{2} = 5$ kg par cm². Chaque centimètre carré du grand piston sera donc poussé de bas en haut par une force de 5 kg; et, sur toute sa surface, s'exercera une force de $5 \times 200 = 1.000$ kg.

Fig. 68. — Schéma de la presse hydraulique.

Pour maintenir ce grand piston immobile il faudrait le charger d'un poids de 1.000 kg.

Ainsi en exerçant une force de 10 kg sur le petit piston, on pourrait faire équilibre à une force de 1.000 kg exercée sur le grand.

D'une façon générale, on pourra multiplier la force exercée autant de fois qu'on le voudra. Voulons-nous qu'une force de 50 kg exercée sur le petit piston soit multipliée 400 fois; il suffira que la surface du grand piston soit 400 fois celle du petit, on produira sur lui une force de $50 \text{ kg} \times 400 = 20.000$ kg et on pourra soulever avec lui un fardeau de 20.000 kg environ.

Dispositif. — Le petit piston est manœuvré par un levier OL et fait partie d'une petite pompe qui puise de l'eau dans un réservoir pour l'envoyer sous le grand piston (fig. 69).

Pour éviter les fuites on entoure le haut d'un grand piston en a c d'un cuir gras, embouti en forme de demi-

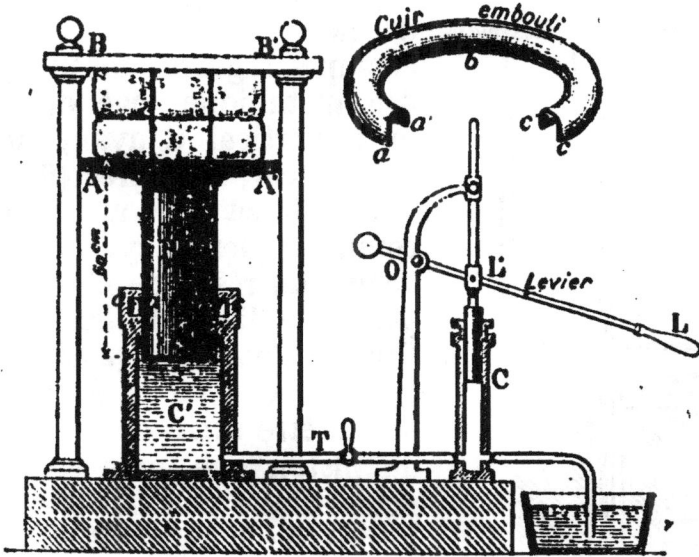

Fig. 69. — Presse hydraulique.

gouttière. L'eau comprimée applique la partie interne a'c' contre la tige du grand piston, la partie externe ac contre le cylindre; la fermeture est d'autant mieux réalisée que la pression est plus grande.

Usages. — La presse hydraulique sert à comprimer les graines oléagineuses pour en extraire l'huile, à presser les corps encombrants (foin, coco, paille, pâte à papier, etc.) pour les réduire à un petit volume. On essaie à la presse hydraulique les chaînes des navires, on éprouve la résistance à la traction des échantillons d'acier, on comprime l'acier liquide. On l'emploie encore pour soulever des corps très lourds comme des ponts métalliques, elle prend alors le nom de vérin hydraulique.

3. Ascenseurs. — Dans les maisons très élevées on évite la montée fatigante des escaliers au moyen de l'ascenseur.

Il comprend une cabine B, supportée par un piston creux en acier. La longueur de ce piston est égale à la hauteur de la maison, 15 mètres par exemple. Il glisse dans un cylindre métallique logé dans un puits vertical C ayant même profondeur, 15 mètres (fig. 70).

Le robinet 1 permet de faire communiquer le cylindre avec l'eau d'un réservoir élevé; supposons-le élevé de 30 mètres. Quand l'eau arrive dans le cylindre, elle exerce sur chaque centimètre carré de la surface du piston une force égale au poids d'une colonne d'eau de 1 cm² de base et 30 mètres de hauteur, soit 3.000 grammes ou 3 kilogrammes. Supposons que la section du piston soit de 300 cm², la force totale exercée sera :

3 kg. × 300 = 900 kilogrammes.

Pratiquement le poids de la cabine et du piston est équilibré par un contrepoids A fixé à un câble attaché à la cabine. La force à faire est réduite au poids placé dans la cage.

Le robinet 1 est ouvert au départ par une corde de commande, il se ferme automatiquement à l'arrivée. Pour faire descendre l'ascenseur, on ouvre le robinet 2; l'eau s'écoule doucement et l'ascenseur descend (1).

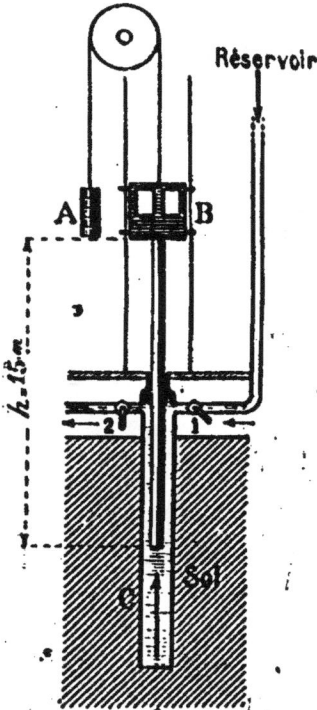

Fig. 70.
Schéma de l'ascenseur hydraulique.

_____

(1) Les grues hydrauliques fonctionnent d'une manière analo-

4. Essai des chaudières.

— Toute chaudière de machine à vapeur doit être essayée avant la mise en usage. La vérification est faite par un agent de l'État; une plaque de laiton (timbre) indique la limite de résistance.

Pour essayer une chaudière, sans danger, on la remplit d'eau, complètement.

On la ferme et on la fait communiquer par un tube de raccord avec une petite pompe foulante. Le petit piston de cette pompe comprime l'eau; si les parois sont trop faibles, la tôle se déchire, mais il n'en résulte aucune projection. Une soupape convenablement chargée s'ouvre quand la pression dépasse la limite de résistance imposée.

QUESTIONS ET EXERCICES

1. Une bouteille a un diamètre de 8 centimètres; on la remplit de vin et on la ferme avec un bouchon de 2 centimètres de diamètre. Si on appuie sur le bouchon avec une force de 16 kg, trouver la force qui tend à détacher le fond.

2. Une chaudière doit être essayée à 10 kg par centimètre carré. Le petit piston de la pompe a une section de 4 centimètres carrés, quel effort faut-il exercer sur ce petit piston?

3. Le levier de commande d'un petit piston de presse hydraulique a des bras dans le rapport de 1 à 10, on exerce un effort de 50 kilogrammes sur ce levier. Trouver l'effort transmis sachant que la surface du grand piston est 100 fois celle du petit.

4. La pression de la vapeur d'une chaudière est de 5 kilogrammes par centimètre carré, trouver la force qui tend à soulever une soupape de sûreté ayant un rayon de 3 centimètres.

5. Un monte-charge hydraulique a un piston de 10 centimètres de rayon. L'eau arrive d'un réservoir situé à 30 mètres de hauteur. Trouver la force exercée sous le piston. Quel poids pourrait-on soulever si le poids mort à vaincre est de 200 kilogrammes?

gue. La pression de l'eau sous le piston peut atteindre 50 kg par cm² ; cette eau est comprimée dans un réservoir spécial appelé accumulateur hydraulique.

6. Une soupape de sûreté a un rayon de 2 centimètres, on veut essayer une chaudière à 8 kilogrammes par centimètre carré. De quel poids faut-il charger la soupape? Quel serait ce poids, si on le plaçait au bout d'un levier dont le grand bras mesure 50 centimètres, et le petit 5 centimètres?

7. Un gros piston d'un accumulateur hydraulique mesure 0ᵐ50 de diamètre, il est chargé d'un poids de 100 tonnes. Quelle est la pression par centimètre carré?

8. Une grue hydraulique doit exercer une force de 9.000 kg. Trouver le diamètre du piston sachant que la pression de l'eau est 50 kg par centimètre carré.

CHAPITRE IV

PRINCIPE D'ARCHIMÈDE

---

1. Pressions et poussée sur les corps plongés dans les liquides.

Un corps solide que l'on plonge dans un liquide est pressé normalement, sur toutes ses parties, par le liquide. En effet, essayons d'enfoncer dans l'eau une boîte vide (fig. 71), nous sentons une résistance et si la boîte présente des trous, on voit le liquide jaillir normalement à la paroi.

Toutes ces pressions ont pour effet de pousser le corps vers le haut ; c'est ce que prouvent les faits suivants :

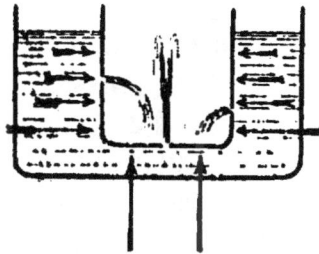

Fig. 71.
Un solide immergé dans un liquide est pressé de tous côtés par ce liquide.

1° On sent fort bien la poussée avec la boîte indiquée ci-dessus.

2° D'autre part si on immerge certains corps tels que du bois, du liège, on les voit remonter à la surface.

3° Une pierre plongée dans l'eau semble moins pesante que dans l'air.

2. Principe d'Archimède. — Archimède a trouvé

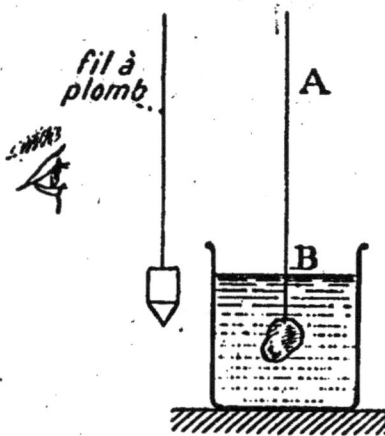

FIG. 72.
Direction de la poussée.

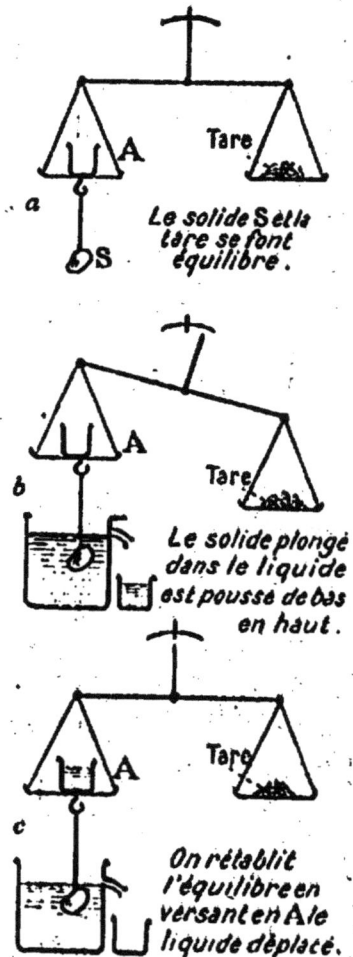

Le solide S et la tare se font équilibre.

Le solide plongé dans le liquide est poussé de bas en haut.

On rétablit l'équilibre en versant en A le liquide déplacé.

FIG. 73.
Vérification du principe d'Archimède.

l'effet résultant des pressions que nous venons de considérer.

1º Attachons à un fil un corps solide quelconque, une pierre; plongeons-la dans un liquide, de l'eau par exemple. Nous verrons que le fil reste vertical (fig. 72). Donc les pressions exercées sur le solide *admettent une résultante verticale*. S'il en était autrement le fil ne serait pas vertical. Cette résultante s'appelle *poussée*.

2º Pour mesurer la grandeur de la poussée on attache la pierre au plateau d'une balance et on équilibre avec une tare. Au-dessous du corps on met un vase à trop-plein (fig. 73).

Si on plonge le corps dans le liquide la balance s'incline du côté de la tare, de l'eau s'écoule par le trop-plein et le solide en déplace un volume égal au sien (fig. 73 b).

On constate qu'on rétablit l'équilibre en versant dans le plateau A le liquide écoulé et déplacé par le corps (fig. 73 c) (1).

Donc quand un solide est plongé dans un liquide :

1º LES PRESSIONS EXERCÉES PAR LE LIQUIDE ONT UNE RESULTANTE NOMMÉE POUSSÉE.

2º CETTE POUSSÉE EST VERTICALE, DIRIGÉE DE BAS EN HAUT.

3º ELLE EST ÉGALE AU POIDS DU LIQUIDE DÉPLACÉ.

De plus on démontre qu'elle est appliquée au centre de gravité du liquide déplacé; ce point s'appelle *centre de poussée*.

3. Action combinée du poids et de la poussée.

— Quand un solide est plongé dans un liquide, trois cas peuvent se présenter :

1º *Le poids P du corps est plus grand que la poussée P'.*

Ex. : Un œuf frais mis dans l'eau ordinaire; il coule au fond.

En effet, l'œuf est soumis à deux forces; son poids P, soit 65 grammes, appliqué au centre de gravité G ; et la poussée P', soit 60 grammes, appliquée au centre de poussée G' (fig. 75).

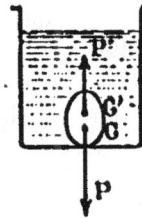

Fɪɢ. 75.
Le poids P du corps est plus grand que la poussée P': le corps tombe au fond.

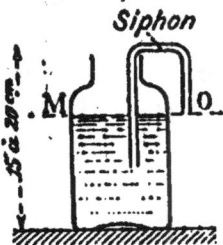

Fɪɢ. 74.
Vase à trop-plein.

(1) On peut réaliser un vase à trop-plein en collant avec un peu de cire molle un petit siphon sur le bord d'un flacon comme l'indique la figure 74 (diamètre du tube O cm. 5). On amorce le siphon en inclinant le vase et quand l'eau cesse de couler, la surface est exactement au niveau de l'orifice O du siphon. L'appareil est prêt, on y plonge alors le corps et on recueille le liquide qui s'écoule jusqu'à la dernière goutte. C'est ce liquide écoulé que l'on verse en A pour rétablir l'équilibre.

La différence de ces deux forces, 5 grammes, est le poids apparent du corps dans le liquide. Si on lâche le corps, il est entraîné au fond par son poids apparent 5 grammes, et il s'oriente de façon que le centre de gravité G est le centre de poussée G' soient sur la même verticale.

2° *Le poids du corps égale la poussée.*

Ex. : Un œuf dans de l'eau de salure moyenne; il reste en équilibre au sein du liquide. Le poids 65 gram-

FIG. 76.	FIG. 77.	FIG. 78.
Le poids P du corps est égal à la poussée P'; le corps reste au sein du liquide.	Le poids P est plus petit que la poussée P'; le corps remonte vers la surface.	Corps flottant; son poids égale le poids du liquide déplacé.

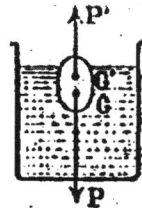

mes est équilibré par la poussée 65 grammes. Le poids apparent est nul (fig. 76).

Les deux forces orientent le corps de façon que les centres G et G' soient sur la même verticale.

3° *Le poids du corps est plus petit que la poussée.*

Ex. : Un œuf dans de l'eau saturée de sel; l'œuf remonte vers la surface.

Le poids est toujours 65 grammes, la poussée 72 g. L'œuf tend à monter entraîné par une force : P' — P = 7 grammes, qu'on appelle la force ascensionnelle du corps dans le liquide (fig. 77).

Les centres G et G' se placent sur la même verticale.

Ces phénomènes sont généraux.

4. Équilibre des corps flottants. — Reprenons l'œuf dans de l'eau très salée.

Il remonte à la surface; au fur et à mesure qu'il· émerge, le volume de la partie plongée diminue, donc la poussée diminue.

Quand l'œuf flotte, le *poids du corps est égal à la poussée c'est-à-dire au poids du liquide déplacé* (fig. 78). On le vérifie aisément en plaçant le vase à trop-plein sur le plateau d'une balance. On le remplit exactement jusqu'au niveau de l'ajutage (fig. 79); au-dessous du bec on place un petit récipient c et on fait la tare.

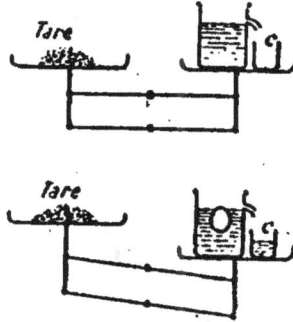

Fig. 79. — Corps flottant.
Le poids du liquide déplacé et recueilli dans le petit vase égale le poids du corps.

Si on pose sur le liquide un corps flottant quelconque, la balance s'incline du côté du corps. On rétablit l'équilibre en jetant l'eau écoulée. Donc le poids du corps qui flotte égale le poids du liquide déplacé.

De *plus les centres de gravité et de poussées ont sur la même verticale*. L'équilibre est stable quand le centre de gravité est au-dessous du centre de poussée. La stabilité augmente quand on abaisse le centre de gravité à l'aide de lest. On peut le montrer à l'aide d'un tube lesté avec des grains de plomb (fig. 80). Quand on l'incline il se redresse vivement, sous l'influence du poids GP et de la poussée G'P'.

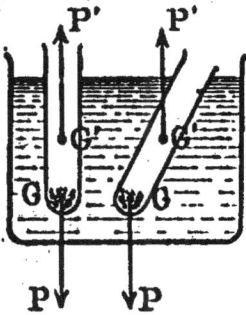

Fig. 80.

QUESTIONS ET EXERCICES

1. Au bout d'un tube en verre on attache un petit ballon de caoutchouc, on met de l'eau dans l'appareil et on marque le

niveau sur le tube. Si on enfonce le ballon dans un liquide on voit le niveau monter, expliquer ce fait.

2. Comment démontrez-vous que la poussée exercée par un liquide sur un solide est verticale?

3. Énoncer le principe d'Archimède.

4. Un cylindre circulaire droit a une base de 40 centimètres carrés et 20 centimètres de hauteur. On le plonge dans de l'eau de $d = 1$, quelle poussée subit-il?

5. Une bille en verre a un volume de 515 centimètres cubes, sa densité est 2,5. Quelle poussée subit-elle dans l'eau? Quel est son poids apparent?

6. Un morceau de liège est plongé dans l'eau. On le lâche, pourquoi revient-il à la surface? Ce liège a la forme d'un cube de 4 centimètres de côté, avec quelle force remonte-t-il vers le haut? D du liège $= 0,2$.

7. Pourquoi une feuille de plomb coule-t-elle au fond? Pourrait-on la faire flotter en la repliant convenablement.

8. Une bouteille à moitié vide flotte sur l'eau de mer. Son poids est de 1 kg. 5, quel est le volume du liquide déplacé? Densité de l'eau 1,025.

9. Pourquoi un navire cuirassé flotte-t-il sur l'eau? Justifier l'explication donnée. Un coup de canon y fait une voie d'eau, pourquoi coule-t-il au fond?

Le bateau pèse 15.000 tonnes, quel est le volume d'eau qu'il déplace :

1° Dans l'eau de mer d $= 1,025$?
2° Dans l'eau douce d' $= 1$?

CHAPITRE V

APPLICATIONS DU PRINCIPE D'ARCHIMÈDE

1. Equilibre des corps immergés. — Les poissons descendent ou montent dans l'eau en comprimant plus ou moins leur vessie natatoire.

On imite ces mouvements avec le ludion, petite ampoule de verre A, contenant un peu d'air et ouverte en bas (fig. 81). Plaçons ce petit flotteur dans une bouteille pleine et comprimons l'eau, le ludion descend; il remonte quand on supprime la pression.

Les bateaux sous-marins ont une coque en acier en forme de poisson, elle est très résistante et close. On peut remplir ou vider à volonté des réservoirs d'eau C placés dans la cale (fig. 82). Au repos, on immerge le navire en admettant une quantité d'eau, telle que le poids du sous-marin soit égal au poids de l'eau déplacée. On peut à volonté faire monter ou descendre le bateau, suivant qu'on laisse rentrer l'eau ou qu'on l'expulse.

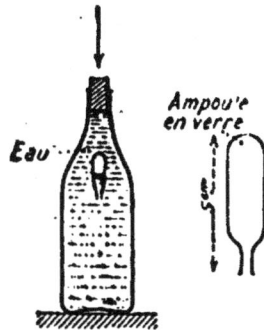

Fig. 81. — Ludion.
Quand on comprime l'eau, elle pénètre dans l'ampoule qui s'alourdit et descend.

En marche, c'est bien différent. On règle d'abord la
quantité d'eau admise de façon que le sous-marin
immobile émerge légèrement. Pour le faire plonger
on le met en marche et on incline convenablement des
gouvernails horizontaux. La pression de l'eau sur ces

FIG. 82. — Coupe schématique de sous-marin,
30 à 60 mètres de longueur.

A, accumulateurs. — M, moteur électrique. — B, réservoirs d'air
comprimé. — C. réservoirs à eau. — O cheminée pour l'observation extérieure. — T, trou d'entrée et de sortie. — G, G'' les
gouvernails. — H, l'hélice.

surfaces inclinées détermine la plongée, à une profondeur qui varie suivant la vitesse du bateau et l'inclinaison des gouvernails. Le bateau en s'arrêtant
remonte de lui-même à la surface.

Le centre de gravité d'un sous-marin est toujours
au-dessous du centre de poussée.

2. Navires. — Flotteurs. — Le poids de la coque
et du chargement d'un navire est égal au poids de
l'eau déplacée.

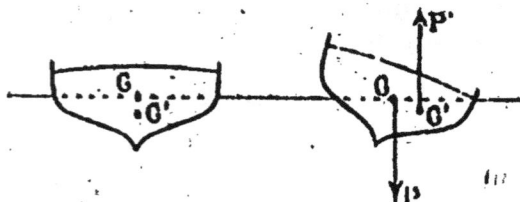

FIG. 83. — Équilibre du navire.

Les centres de
gravité G et de
poussée G' sont
sur la même verti-
cale (fig. 83).

Quand le navire
s'incline, le poids
appliqué en G et la poussée appliquée en G', ten-
dent à relever le bateau. On augmente la stabilité
en lestant le navire au moyen de quilles en fonte ou
de ballast à fond de cale; on abaisse ainsi le centre
de gravité.

Les flotteurs sont en équilibre d'après des conditions analogues.

3. Engins de sauvetage. — On utilise souvent la poussée verticale pour relever des objets coulés au fond de l'eau; un navire par exemple.

Avec de fortes chaînes, on amarre sur l'objet coulé des bateaux vides (chalands, péniches). Quand la mer monte, elle soulève le navire. Quelquefois on attache des barriques vides, la poussée peut devenir suffisante pour soulever le navire.

4. Détermination du volume d'un corps quelconque. — Soit à trouver le volume d'un corps de forme irrégulière, une pierre par exemple. On l'attache

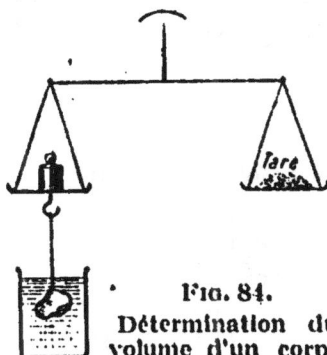

Fig. 84.
Détermination du volume d'un corps.
La poussée donne le poids de l'eau déplacée, on en déduit le volume du corps.

au plateau d'une balance, on fait la tare, puis on plonge le corps dans l'eau (fig. 84). Il subit une poussée égale au poids de l'eau déplacée. S'il faut 25 grammes pour rétablir l'équilibre, ces 25 grammes représentent le poids de 25 cm³ d'eau. Le volume du corps est donc 25 centimètres cubes.

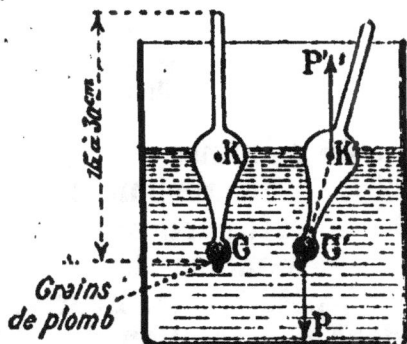

Fig. 85.
Aréomètre à poids constant.

5. Aréomètres à poids constant. — Les aréomètres servent à apprécier le degré de concentration de solutions aqueuses de corps solides ou liquides.

Ils sont constitués d'un flotteur, lesté par du plomb ou du mercure, et surmontés d'une tige cylindrique graduée (fig 85).

L'instru ..ent s'enfonce d'autant moins que le liquide est plus dense.

1. Aréomètres de Baumé. — Les aréomètres pour liquides plus denses que l'eau s'appellent pèse-acides, pèse-sirops, pèse-sels. Dans l'eau pure l'instrument s'enfonce jusqu'au sommet de la tige; dans une solution de

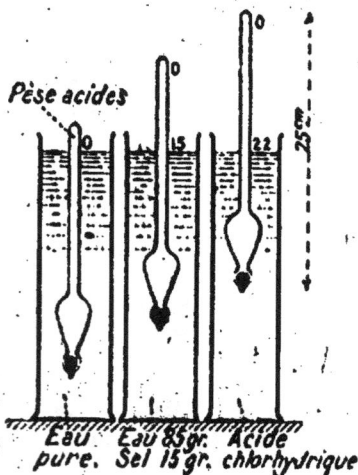

Fig. 86. — Graduation et usage d'un pèse-acides.

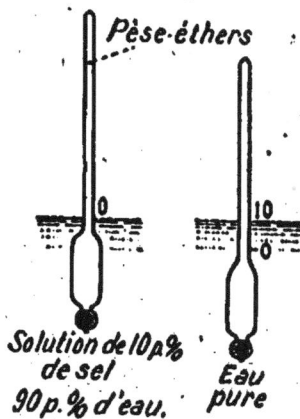

Fig. 87. Graduation d'un pèse-éthers.

15 grammes de sel marin pour 85 grammes d'eau, il enfonce moins (fig. 86). Au point d'affleurement on marque 15 et on divise l'espace 0—15 en 15 parties égales (1).

Les aréomètres pour liquides moins denses que l'eau s'appellent pèse-esprits, pèse-éthers. Leur zéro est vers le bas de la tige, dans une solution de 10 g. de sel pour 90 grammes d'eau (fig. 87). Dans l'eau pure ils s'enfoncent davantage, on marque 10°.

(1) Le pèse-acides marque 40° dans l'acide azotique de densité 1,52; 22° dans l'acide chlorhydrique de densité 1,18; 66° dans l'acide sulfurique de densité 1,84.

2. Alcoomètre de Gay-Lussac. — C'est un aréomètre qui donne la richesse centésimale en alcool pur d'un mélange d'eau et d'alcool (fig. 88). On le gradue en le faisant flotter dans des mélanges contenant des proportions connues d'eau et d'alcool. Les divisions se resserrent quand on se rapproche du zéro. Si l'alcoomètre marque 20° dans un mélange d'eau et d'alcool, c'est que le liquide contient 20 cm³ d'alcool pur pour 100 cm³ du mélange.

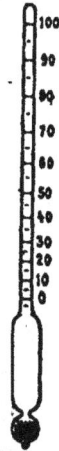

3. Densimètres. — Ce sont des aréomètres donnant par une simple lecture la densité d'un liquide. On les fait flotter dans ce liquide. On lit la densité marquée au point d'affleurement.

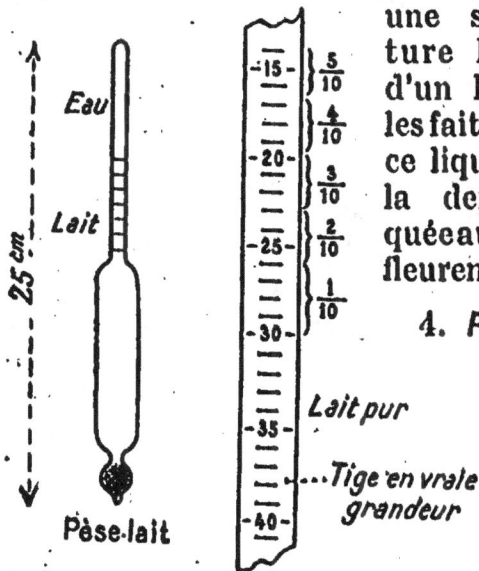

Fig. 88.
Alcoomètre
centésimal
de
Gay-Lussac.

Eau

Lait

25 cm

Pèse-lait

-15-   5/10
       4/10
-20-   3/10
-25-   2/10
       1/10
-30-

Lait pur

-35-

...Tige en vraie grandeur

-40-

Fig. 89. — Le pèse-lait sert à reconnaître le mouillage et l'écrémage.

4. Pèse-lait. — Le pèse-lait ou lactodensimètre sert à reconnaître si le lait est mouillé ou écrémé (fig. 89). Le lait mouillé est moins dense que le lait pur, l'instrument enfonce plus ; des divisions marquées sur la tige indiquent le mouillage en dixièmes. Le lait écrémé est plus dense que le lait pur, l'instrument enfoncé moins.

Le pèse-lait porte aussi une graduation permettant de lire la densité du liquide.

QUESTIONS ET EXERCICES

1. Un sous-marin est immergé à 10 mètres de profondeur. Trouver la force avec laquelle l'eau comprime 1 mètre carré de surface de la coque. Conclusion à tirer.

2. Quel est le poids apparent d'un morceau de verre plongé dans de l'huile? Poids du verre 500 grammes, volume du verre 200 centimètres cubes; densité de l'huile 0,91.

3. Une grosse pierre pèse 30 kilogrammes, quel effort faut-il faire pour la soulever dans de l'eau de mer, sachant que la densité de la pierre est 2,2 et celle de l'eau 1,025?

4. Une ceinture de sauvetage en liège a un volume de 7 litres, la densité du liège est 0,25. Quel poids en fer faudrait-il lui attacher pour la maintenir en équilibre dans l'eau de mer? Densité du fer 7,7.

5. Une barrique vide, du poids de 25 kilogrammes, a un volume extérieur de 230 décimètres cubes. On l'immerge dans l'eau de mer de densité 1,025; trouver la force avec laquelle elle tend à remonter.

6. Un densimètre flottant sur du lait marque 1,032; trouver le poids de 200 centimètres cubes de lait.

7. Du vin titre 10° ½ d'alcool, quel volume d'eau-de-vie à 40° contient un litre de vin? une barrique de 225 litres?

8. La densité de la glace est 0,9, celle de l'eau de mer 1,02. Trouver le rapport des volumes de glace immergée et émergée quand la glace flotte sur l'eau.

9. Un aéromètre de Baumé marque 5° dans du lait pur et 2° dans du lait étendu d'eau. Pourquoi?

10. On charge un navire de 10.000 tonnes de houille de densité 1,25. Quel volume d'eau va-t-il déplacer en s'enfonçant dans l'eau de mer de densité 1,025?

CHAPITRE VI

POIDS SPÉCIFIQUE
ET DENSITÉ RELATIVE DES SOLIDES
ET DES LIQUIDES

A volume égal les corps ont des poids différents. Un centimètre cube de liège pèse 0 g. 24; de fer, 7 g. 9; de plomb, 11 g. 3.

Donc le poids d'un volume déterminé d'un corps, d'un centimètre cube par exemple, peut servir à reconnaître, à caractériser ce corps.

1. Poids spécifique. — *Le poids spécifique d'un corps est le poids de l'unité de volume*, ce sera par exemple *le poids en grammes d'un centimètre cube.*

2. Détermination du poids spécifique.
Principe. — On pèse une certaine quantité du corps à étudier, soit P le poids trouvé en grammes. On mesure le volume, soit V ce volume en centimètres cubes. On divise P par V, et on obtient le poids spécifique.

$$\text{Poids spécifique} = \frac{\text{Poids du corps en grammes.}}{\text{Volume du corps en centimètres cubes.}}$$

Le poids P se mesure avec la balance. Pour obtenir

V on emploie différents procédés. Si le corps est solide
et de forme géométrique régulière, on mesure ses
dimensions linéaires et on en déduit le volume. Si le
corps est de forme irrégulière, on emploie la méthode
indiquée plus haut (applications du principe d'Archimède); ou bien on attache le solide à un fil et on le
plonge dans l'eau contenue dans une éprouvette graduée, on lit de combien s'élève le niveau. Pour un
liquide, il suffit de le verser dans un vase gradué.

3. Densité relative. — On appelle *densité relative
d'un corps par rapport à l'eau, le rapport du poids de ce
corps au poids du même volume d'eau.* Elle exprime
combien de fois le poids du corps vaut le poids du
même volume d'eau.

Dans le système métrique, les nombres exprimant le
poids spécifique et la densité relative d'un corps sont
les mêmes.

Considérons du fer par exemple :

Le poids spécifique (poids de 1 cm³) est 7 g. 9.
Le poids spécifique de l'eau (poids de 1 cm³) est 1 g.

Le rapport, ou densité relative, est $\dfrac{7,9}{1} = 7,9$.

Le poids spécifique dépend du choix des unités em-
ployées, la densité relative n'en dépend pas, d'où
l'avantage de la considération des densités relatives.

4. Détermination de la densité relative. — On
détermine : 1° le poids d'un corps P; 2° Le poids du
même volume d'eau P'. Le quotient $\dfrac{P}{P'}$ donne la densité cherchée.

Une méthode simple et précise est celle du flacon.

Cas d'un solide. — On se sert d'un flacon fermé par
un bouchon de verre creux dont la tige porte un trait
d'affleurement *a* (fig. 90).

1º On remplit ce flacon d'eau jusqu'au trait *a*. On le met sur le plateau de la balance et à côté le solide S, puis on fait la tare (1).

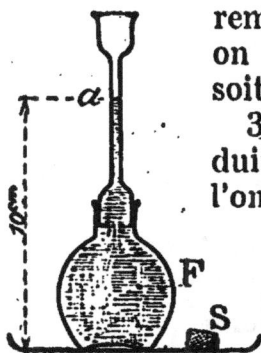

2º On retire le corps, on le remplace par des poids marqués, on a le poids par double pesée, soit 45 grammes.

3º On ôte les poids et on introduit le corps dans le flacon que l'on maintient rempli jusqu'au

Fig. 90. — Mesure de la densité d'un solide.
Méthode du flacon.

trait. Il en sort un volume d'eau égal à celui du corps, et, pour rétablir l'équilibre il faut ajouter un poids égal au poids de l'eau sortie, soit 20 grammes.

La densité est donc : $\dfrac{45}{20} = 2{,}25$.

Cas d'un liquide. — On emploie un flacon à col étroit, portant un trait de repère *a* (fig. 92). On détermine le poids du liquide remplissant le flacon jusqu'au trait, soit 22 grammes, puis le poids du même volume d'eau, soit 27,5 grammes (voir double pesée) (2).

La densité est

$$d = \frac{22}{27{,}5} = 0{,}8.$$

Fig. 91.

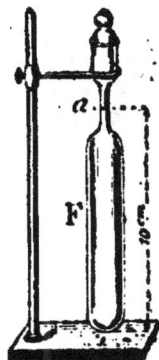

Fig. 92.
Flacon à densité pour liquide.

(1) On peut se servir avec une grande approximation d'un flacon ordinaire, dont on fait le plein exactement en glissant sur le goulot une lamelle de verre *l* (fig. 91).

(2) Le flacon indiqué peut être également utilisé.

5. Applications. — 1º Pour reconnaître un corps on détermine son poids spécifique (usage en analyse). 2º Le poids spécifique ou densité d; est :

$$d = \frac{P}{V}.$$

Connaissant deux de ces quantités on peut déterminer la troisième (voir exercices).

Tableau de quelques densités à 0º.

Glace	0,9	Fer forgé	7,9
Sucre	1,6	Fer fondu	7,2
Calcaire	2	Fonte { grise	7,1
Porcelaine de Sèvres.	2,1	Fonte { blanche	7,6
Grès à pavés	2,4	Zinc	7,1
Verre à vitres	2,5	Cuivre	8,9
Ardoise	2,8	Nickel	8,9
Quartz	2,6	Plomb	11,3
Aluminium	2,5	Mercure	13,6
Étain	7,2	Platine	21,5
Essence minérale	0,6 à 0,7	Vin	0,99
Benzine	0,88	Eau de mer	1,025
Alcool	0,79	Lait	1,032
Pétrole	0,8	Glycérine	1,26
Huile d'olive	0,91	Acide sulfurique	1,84

QUESTIONS ET EXERCICES

1. L'huile d'olive a pour densité 0,914, l'huile d'œillette 0,924. Une huile vendue comme huile d'olive a pour poids spécifique 0,919, est-elle pure? Si on a mélangé les deux huiles, dire dans quelle proportion on a fait le mélange.

2. De la benzine de densité 0,88 est additionnée d'essence minérale de densité 0,7. Peut-on reconnaître la fraude?

3. Une bille en verre mesure 3 centimètres de diamètre, elle pèse 35 g. 34. Trouver la densité du verre. — R. 2,5.

4. Un cylindre en acier doux, fait au tour, mesure 8 centimètres de long, 6 centimètres de diamètre, il pèse 1.764 grammes, trouver la densité de l'acier. — R. 7,8.

5. Un presse-papier est un cube en quartz mesurant 4 centimètres de côté, il pèse 169 g. 6, trouver la densité du quartz. — R. 2,65.

6. Une règle en bois de hêtre à section carrée mesure : longueur 32 cm. 4, côté 0 cm. 9, poids 20 g. 5, trouver la densité du bois. — R. 0,78.

7. Une pierre de taille en granit a la forme d'un prisme droit à base rectangulaire et mesure 65, 70, 45 centimètres. Trouver son poids, $d = 2,7$.

8. Une barrique d'huile contient 220 litres. Trouver le poids de l'huile, densité de cette huile 0,9.

9. L'huile coûte 2 fr. 20 le kilogramme, trouver le volume de cette huile et le prix du litre. Densité de l'huile 0,91.

10. Un vase vide pèse 100 grammes, plein de mercure de densité 13,6 il pèse 7 kilogrammes. Trouver sa capacité intérieure.

11. Un flacon vide pèse 15 g., plein d'eau 40 g., plein de grenaille de plomb 269 g. 25. On y verse de l'eau pour remplir les vides laissés par la grenaille, et le flacon pèse 271 g. 75. On demande le volume du flacon et la densité du plomb.

12. Un échantillon de quartz aurifère pèse 76 g. 42, sa densité est 7,66. Quel est le poids d'or qu'il renferme? Densité de l'or 19,36; du quartz 2,65.

13. Un flacon plein d'eau pèse 250 grammes, plein d'alcool 210 grammes, plein d'éther 200 grammes. On demande le poids du flacon vide et le poids spécifique de l'éther, celui de l'alcool $= 0,8$.

CHAPITRE VII

PROPRIÉTÉS GÉNÉRALES DES GAZ

1. Caractères d'un gaz. — Un gaz n'a pas de surface libre comme un liquide, il remplit en totalité le vase qui le contient (fig. 3, 1re année).

Il tend toujours à occuper un volume de plus en plus grand. Si on débouche un flacon rempli d'un gaz odorant (hydrogène sulfuré par exemple), on ne tarde pas à percevoir l'odeur en tous les points de la salle. — L'expérience suivante nécessite une machine pneumatique. On met un peu d'air dans une vessie, puis on la ferme. On place cette vessie sous la cloche de la machine et dès que l'on fait le vide, on voit le volume de la vessie augmenter. *Les gaz sont donc très expansibles.*

Un gaz est très compressible et parfaitement élastique (page 3, 1re année).

2. Elasticité d'un gaz. — Un gaz enfermé dans un récipient tend toujours à s'en échapper, à repousser les parois. On appelle *force élastique* d'un gaz en un point, la grandeur de la force qu'exerce le gaz par unité de surface en ce point.

Elle s'évalue soit en grammes, soit en kilogrammes, par centimètre carré de surface. Quelquefois on mesure cette force élastique par la hauteur d'une colonne de liquide dont la pression lui ferait équilibre. *Exemple* : On dit une force élastique de 10 cm. de mercure. C'est une force élastique qui équivaut à la pression produite par une colonne de mercure de 10 cm. de hauteur et 1 cm² de section; ou 13 g. 6 × 10 = 136 grammes.

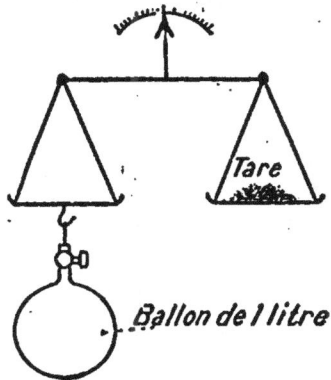

FIG. 93. — Les gaz sont pesants.

3. Les gaz sont pesants.

Expérience. — On fait la tare d'un ballon plein de gaz sur le plateau d'une balance (fig. 93); puis on en extrait le gaz à l'aide d'une machine pneumatique. La balance s'incline du côté de la tare; le poids que l'on place du côté du ballon pour rétablir l'équilibre, mesure le poids du gaz enlevé. — Inversement, si on comprimait du gaz dans le ballon (avec une pompe de bicyclette), on verrait que le poids du ballon aurait augmenté.

Donc les gaz sont pesants. Pour l'air en particulier, 1 cm³ pèse 0 g. 0013 dans les conditions ordinaires.

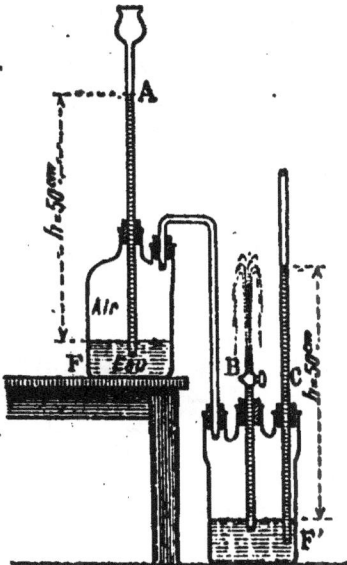

FIG. 94. — Transmission des pressions par un gaz.

L'augmentation de pression est la même pour tous les points du gaz contenu dans l'appareil.

4. Propriétés des gaz.

— Les gaz sont pesants et fluides comme les liquides. Il en résulte que les lois, relatives aux pressions qu'exercent les liquides et les gaz, sont les mêmes.

Ainsi : 1° *Un gaz comme un liquide, transmet les pressions que l'on exerce sur lui.*

L'appareil représenté par la figure 94 permet de le vérifier très simplement. Dans le flacon F on verse un peu d'eau par le tube à entonnoir A; l'air de ce flacon se trouve comprimé, la pression se transmet au liquide du flacon F'. Ce liquide est refoulé dans les tubes B et C adaptés aux tubulures, et on constate qu'il s'y élève à la même hauteur *h* que dans le tube A.

2° **En deux points A et B, à des niveaux différents (fig. 95), les pressions sont différentes.** La différence des pressions est égale au poids d'un cylindre de gaz ayant comme base 1 cm², et comme hauteur la distance verticale des deux niveaux.

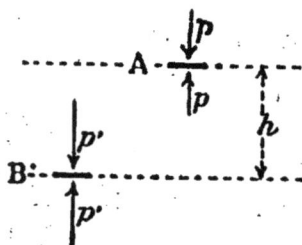

Fig. 95. — Inégalité de pression sur deux éléments A et B, à des niveaux différents.

Si p est la pression en A, p' la pression en B (fig. 95) on a comme pour les liquides, $p' - p = hd$, d étant le poids spécifique du gaz.

Remarque. — Si la distance h n'est pas très grande, et c'est le cas ordinaire, la différence $p' - p = hd$ est faible (voir exercices) et pratiquement négligeable. Alors on peut dire que le gaz exerce partout la même pression; cette pression est sa force élastique.

QUESTIONS ET EXERCICES

1. Quelles sont les différences existant entre un gaz et un liquide.

2. Énoncer les principales propriétés des gaz.

3. Pourrait-on à l'aide d'une pompe de bicyclette montrer l'élasticité et la compressibilité d'un gaz?

4. Trouver le poids d'une colonne cylindrique d'air de 1 cm² de base et de 1 m. de hauteur, de 10 m., de 100 m. Poids spécifique de l'air 0 g. 0013.

5. Un sac de caoutchouc contient de l'oxygène. On comprime ce sac à l'aide d'une planchette de 50 cm. de longueur et de 40 cm. de largeur, sur laquelle on place un poids de 30 kg. De combien la pression du gaz augmente-t-elle? Exprimer cette augmentation en colonne d'eau, en colonne de mercure; poids spécifique de l'eau 1 gramme; poids spécifique du mercure 13 g. 6.

6. Un vase de 1 m. de hauteur contient du gaz d'éclairage. Trouver en grammes par centimètre carré la différence des pressions que le gaz exerce en haut et en bas de ce vase. Densité du gaz par rapport à l'air 0,5; poids spécifique de l'air 0 g. 0013.

CHAPITRE VIII

PRESSION ATMOSPHÉRIQUE.
BAROMÈTRES

§ 1ᵉʳ. — PRESSION ATMOSPHÉRIQUE

1. Pression atmosphérique. — L'atmosphère, qui entoure la terre, est haute de plusieurs milliers de

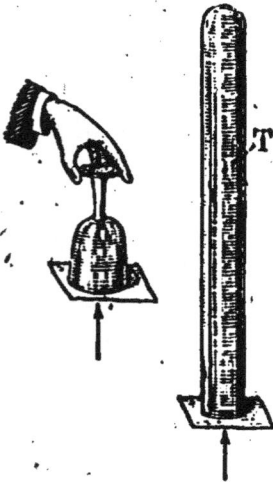

FIG. 96. — Expérience simple mettant en évidence la pression atmosphérique.

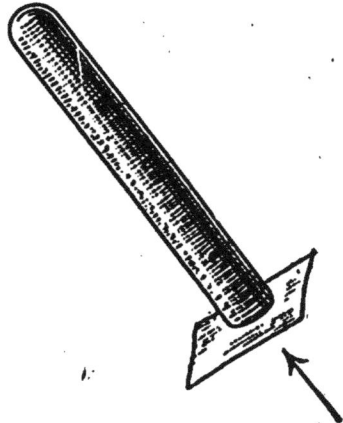

FIG. 96 bis. — La pression atmosphérique s'exerce en tous sens.

mètres. Par son poids, elle exerce sur tous les objets une pression nommée *pression atmosphérique*.

On peut mettre celle-ci en évidence par des expériences simples et nombreuses.

Expérience 1. — On remplit d'eau un verre ou une éprouvette ; on la ferme avec une feuille de papier (fig. 96), on la retourne et le liquide ne tombe pas. L'eau est soutenue par la pression atmosphérique ; on constate que cette pression s'exerce en tous sens, quelle que soit la position de l'éprouvette (fig. 96 *bis*).

Expérience 2. — La pression atmosphérique maintient également le liquide soulevé dans l'éprouvette E. (fig. 97).

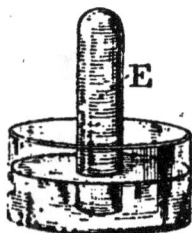

Fig. 97. — Effet de la pression atmosphérique ; le liquide ne tombe pas.

Expérience 3. — Sur une surface polie (verre, porcelaine) on applique un disque de caoutchouc (fig. 98). Il adhère fortement par la pression atmosphérique ; pour le détacher il faut exercer une traction qui peut servir à mesurer cette pression (fig. 99) (voir exercices).

Expérience 4. — Appliquons l'un contre l'autre deux disques semblables D (fig. 99), ils adhèrent par l'effet de la pression atmosphérique. Si on fixe l'un d'eux, et si on suspend à l'autre des poids jusqu'à le séparer, la valeur de ces poids permettra encore de mesurer la pression atmosphérique. On trouve environ 1 kilogramme par centimètre carré.

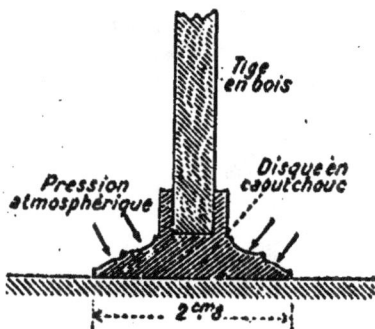

Fig. 98. — Expérience simple montrant la pression atmosphérique.

Expérience 5. — Reprenons les deux disques appliqués l'un contre l'autre et introduisons entre eux la pointe d'un crayon pour soulever les deux bords (fig. 100) ; l'air pénètre entre les disques qui se séparent aisément. Les pressions s'exercent en effet sur les deux faces et se font équilibre.

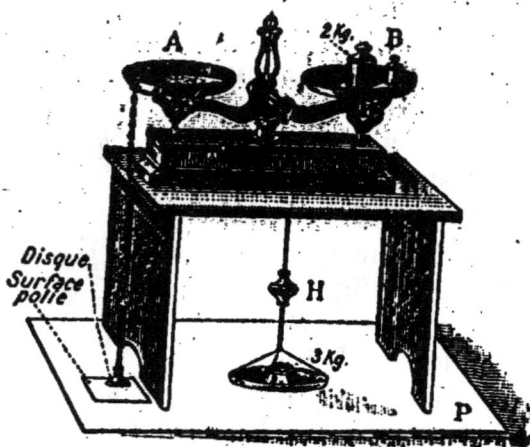

FIG. 99. — Expériences des disques pneumatiques permettant de mesurer la pression atmosphérique.

6. Expérience de Torricelli. — Il prit un tube en verre, de 80 cm. de longueur environ, fermé à un bout. Il l'emplit de mercure, puis le bouchant avec le doigt il le retourna sur une cuve à mercure. En retirant le doigt, il vit le mercure descendre et s'arrêter à une hauteur d'environ 76 cm. au-dessus de la surface MN (fig. 101). Le diamètre du tube, sa forme, sa position, n'ont aucune influence sur la distance des deux niveaux A et B, mesurée suivant le fil à plomb (fig. 102) (1).

Explication. — Nous savons, dit Torricelli, que l'air est pesant; sur la surface de la cuvette pèse une colonne d'air

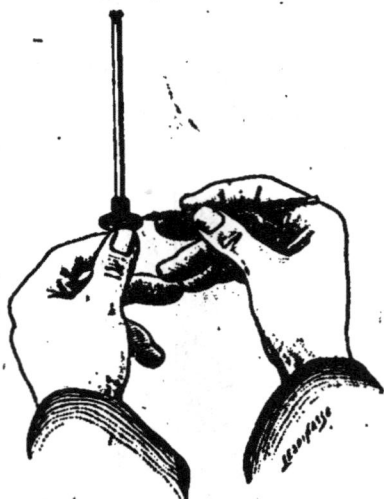

FIG. 100. — Écartons le bord des deux disques avec la pointe d'un crayon, ils se séparent aisément.

(1) Torricelli, élève de Galilée (1608-1647), fit cette expérience en 1644.

d'une très grande hauteur; elle refoule le mercure dans le tube AB jusqu'à ce que le liquide fasse équilibre au poids de l'air qui le pousse.

Au-dessus du liquide, en A (fig. 102), est un espace vide appelé chambre barométrique où la pression est nulle ; au niveau B s'exerce la pression atmosphérique (fig. 102). Consi-

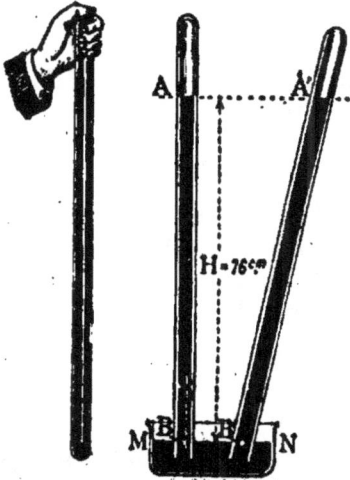

Fig. 101. — Expérience de Torricelli.

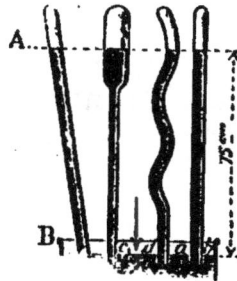

Fig. 102. — La hauteur du mercure, soulevé par la pression atmosphérique, ne dépend pas de la forme du tube.

dérons deux éléments *ab* et *cd* au niveau B, l'un dans le tube, l'autre à l'extérieur, ils supportent des pressions égales. En *cd* s'exerce la pression atmosphérique; sur *ab* la pression de la colonne de mercure et ces deux pressions s'équilibrent.

Supposons H = 76 cm., nous aurons comme valeur de la pression atmosphérique, exprimée en grammes par centimètre carré de surface,

$$P = 13\,g.\,6 \times 76 = 1033\,g.$$

soit à peu près 1 kilogramme par centimètre carré.

On voit donc que l'expérience de Torricelli permet de démontrer l'existence de la pression atmosphérique et de la mesurer d'une façon précise.

§ 2. — BAROMÈTRES

Les baromètres (1) sont des instruments qui servent à mesurer la pression atmosphérique.

1. Hauteur barométrique. — Nous venons de voir que la hauteur H du mercure soulevé dans le tube de Torricelli permet d'évaluer la pression atmosphérique P en grammes par centimètre carré.

On a P = H × 13,6 grammes poids.

Dans la pratique, au lieu de mesurer la pression en grammes par centimètre carré, on se contente d'indiquer la hauteur H de la colonne de mercure dont la pression équilibre la pression atmosphérique. Cette hauteur s'appelle *hauteur barométrique*, elle est proportionnelle à la pression.

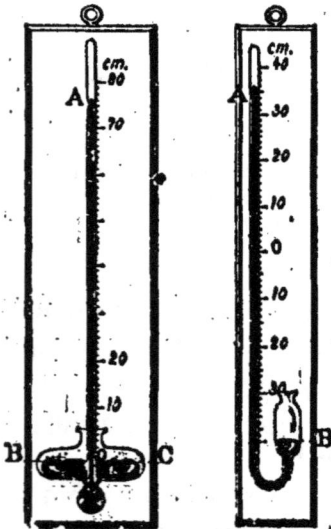

2. Baromètres à mercure usuels. — L'appareil de Torricelli est le type des baromètres à mercure.

Le baromètre ordinaire, à *cuvette*, comprend un tube de Torricelli plongeant dans une petite cuvette; le tout est fixé sur une planchette divisée (fig. 103). Le zéro de la règle est au niveau du mercure dans la cuvette; ce niveau est presque fixe à cause de la largeur de cette cuvette. On lit la hauteur du mercure sur la planchette graduée.

Fig. 103. — Baromètre ordinaires à mercure.

(1) *Baros* , poids; *metron* mesure.

Dans un autre dispositif, nommé *baromètre à siphon*, le tube est recourbé et communique avec un réservoir B. Le zéro de la règle est placé vers le milieu de la planchette, on ajoute les hauteurs OA, OB pour avoir la hauteur totale du mercure soulevé.

Les baromètres à mercure sont encombrants et difficilement transportables, on les remplace souvent par des baromètres métalliques.

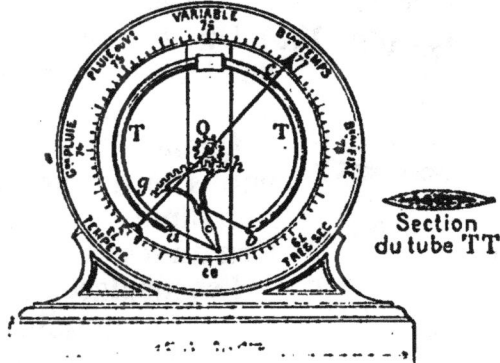

Fig. 104. — Baromètre de Bourdon.

3. Baromètres métalliques. — Ils sont basés sur l'élasticité des métaux.

1° Dans le *baromètre de Bourdon*, l'organe essentiel est un tube TT (fig. 104), à section aplatie, fermé aux deux extrémités et vide d'air; ce tube est recourbé en forme d'anneau.

Fig. 105. — Principe du baromètre métallique de Vidi.

Les variations de la pression atmosphérique peuvent déformer une boîte, vide d'air.

Quand la pression augmente, l'anneau tend à se fermer, les deux extrémités *a* et *b* se rapprochent l'une de l'autre; la pression devenant plus faible, les branches s'écartent par l'élasticité du métal.

Le tube est soutenu par un crochet. On amplifie les déplacements des extrémités *a*, *b*, au moyen d'un secteur denté entraînant une aiguille *c*, mobile sur un cadran divisé.

2° Dans le *baromètre Vidi*, la pièce principale est une boîte métallique, creuse, vide d'air, présentant des cannelures concentriques pour lui donner de la souplesse (fig. 105). Un fort ressort R empêche la boîte de s'écraser par l'effet de la pression atmosphérique (voir exercices).

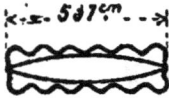

Fig. 106.
Coupe d'une boîte de baromètre enregistreur.

Quand la pression augmente, les parois se rapprochent; quand la pression diminue, elles s'écartent par l'action du ressort.

Les déplacements des parois de la boîte sont amplifiés par un système de leviers et transmis à une aiguille mobile sur un cadran divisé.

Ces baromètres se gradueut par comparaison avec un baromètre à mercure.

4. Baromètre enregistreur. — Le modèle construit par Richard se compose d'une série de boîtes vides, armées intérieurement d'un ressort cambré qui les empêche de s'écraser (fig. 106). Elles sont superposées; par suite les déformations s'ajoutent. Un système de leviers amplifie les déplacements de A (fig. 107) et fait mouvoir une longue aiguille terminée par une plume chargée

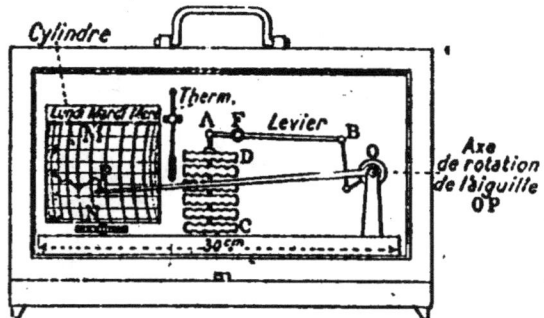

Fig. 107. — Mécanisme du baromètre enregistreur Richard.
Le cylindre contient le mouvement d'horlogerie qui le fait tourner.

d'encre à la glycérine. Cette plume appuie sur un cylindre, qui tourne d'un mouvement uniforme et fait un tour en une semaine.

Si le cylindre était immobile, la plume tracerait un arc de cercle; quand le cylindre tourne, elle inscrit une courbe telle que celle de la figure 108. Le papier

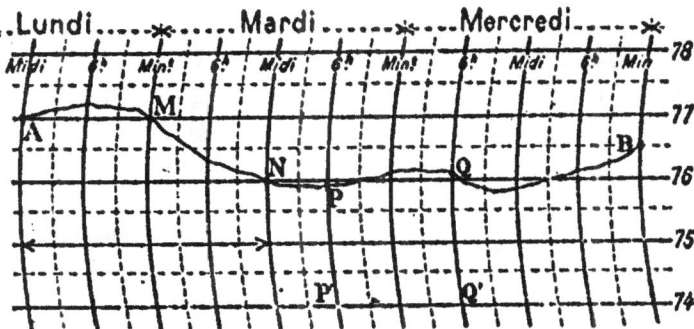

FIG. 108. — Courbe du baromètre enregistreur.

est quadrillé, aux ordonnées correspondent les pressions en centimètres de mercure, aux abscisses les heures des différents jours de la semaine.

5. Applications du baromètre. — *a*) Le baromètre sert à évaluer les différences d'altitude, car la pression atmosphérique et par suite la hauteur barométrique diminue avec l'altitude, comme l'indique la courbe de la figure 109. Donc si l'on connaît les hauteurs barométriques en deux points donnés, on pourra en déduire leur différence d'altitude (voir exercices).

b) Le baromètre sert aussi à la prévision du temps. En effet, dans nos régions, la hausse annonce généralement le retour du beau temps, la baisse le mauvais temps. D'où l'usage d'écrire sur le baromètre beau temps, variable, etc. C'est la variation de la pression et non la hauteur asbolue qu'il importe de considérer. En même temps que le baromètre, il faut consulter la direction du vent, l'état du ciel et la forme des nuages, pour une région déterminée.

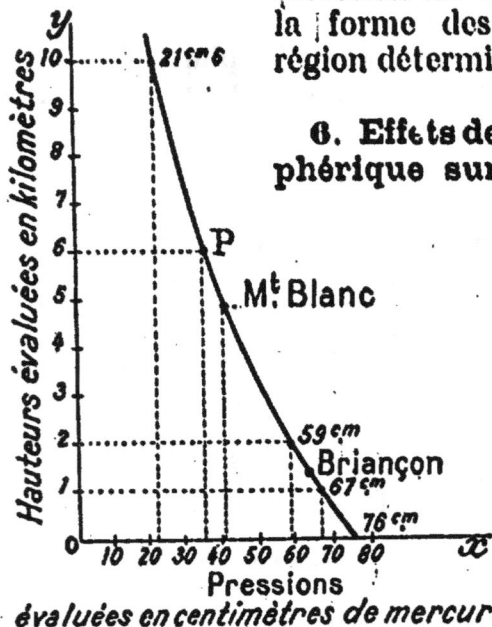

FIG. 109. — Courbe des pressions à différentes altitudes.

6. Effets de la pression atmosphérique sur nos organes. — Dans les conditions ordinaires, l'atmosphère presse sur la surface entière du corps d'un homme, avec une force d'environ quinze mille kilogrammes. Nous ne le sentons nullement, nous n'en sommes pas gênés, et cela pour deux raisons :

1° La pression s'exerce en tous sens, de sorte que les effets s'équilibrent. Ainsi une membrane mince n'est nullement déchirée par la pression atmosphérique, parce qu'il y a des pressions égales et opposées sur les deux faces ; mais tendons cette membrane sur un manchon de verre et appliquons ce manchon sur le plateau de la machine pneumatique ; dès qu'on fait le vide, la membrane crève, déchirée par la pression atmosphérique (fig. 110).

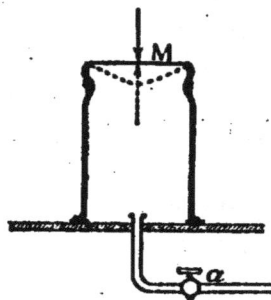

FIG. 110. — Expérience du crève-vessie pour expliquer l'effet de la pression atmosphérique sur nos organes.

2° Nos tissus sont imprégnés de liquides ; ces liquides

sont incompressibles, les pressions intérieures et extérieures se font équilibre.

Nous sommes plutôt gênés quand la pression extérieure diminue. On peut cependant s'habituer à vivre à des hauteurs allant jusqu'à 3.000 mètres, où la pression atmosphérique n'est que de 50 cm. environ. On peut aussi supporter pendant quelques heures des pressions atteignant deux et trois kilogrammes par centimètre carré, pourvu que les variations de pression ne se fassent pas brusquement.

QUESTIONS ET EXERCICES

1. Expliquer l'expérience suivante (fig. 110 bis); si on applique l'une contre l'autre deux hémisphères creuses en cuivre, et si on y fait le vide, on ne peut les séparer que par une force considérable; si on y laisse rentrer l'air, on les sépare aisément.

2. De toutes les expériences destinées à prouver la pression atmosphérique, laquelle préférez-vous ? Donnez les raisons de votre préférence.

3. Que signifient ces mots, la pression atmosphérique est de 70 cm., de 75 c. de mercure?

4. Faire la théorie du baromètre à cuvette; du baromètre à siphon.

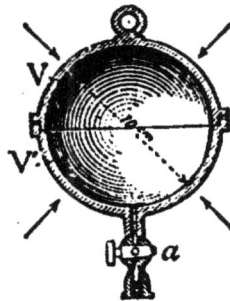

Fig. 110 bis. — Expérience des hémisphères montrant la pression atmosphérique.

5. Dans un baromètre Vidi, la boîte cannelée à un diamètre de 6 cm., la pression atmosphérique vaut 75 cm., trouver la force qui s'exerce sur les parois de la boîte. Poids spécifique du mercure 13 g. 6. R. 28 à 29 kilogrammes.

6. La pression varie de 0 cm 5 de mercure, trouver en grammes la variation de la force qui s'exerce sur la paroi de la boîte du baromètre précédent. Conclusion.

7. Avantages du baromètre enregistreur.

8. En deux points A et B, la différence des hauteurs barométriques est de 0 cm 1, trouver leur différence d'altitude sachant que le poids spécifique de l'air est 0 g. 0013 et celui du mercure 13 g. 6.

9. La densité de l'air est 0 g. 0013 sous la pression de 76 cm. Trouver sa densité sous la pression de 67 cm. sachant que cette densité est proportionnelle à la pression.

10. Trouver la différence d'altitude de deux stations sachant que, en bas, le baromètre marque 76 cm, en haut 67 cm. On prendra comme densité de l'air la densité moyenne de l'air entre les deux stations. Densité du mercure 13,6.

11. Quelle serait la hauteur de l'atmosphère en admettant que la densité de l'air soit la même à toute hauteur et égale à 0,0013; le baromètre marquant 76 cm.?

CHAPITRE IX

MANOMÈTRES USUELS

1. Manomètres. — Ce sont des instruments qui servent à mesurer la pression des fluides (liquides ou gaz).

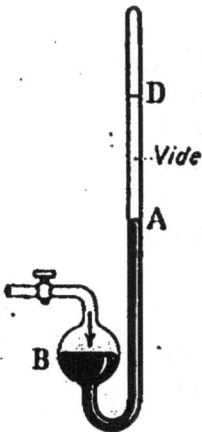

2. Manomètres à mercure. — *a)* Pour mesurer des pressions moindres que la pression atmosphérique on peut se servir du baromètre. Prenons par exemple un baromètre à siphon BD, et faisons communiquer le réservoir B (fig. 111) avec un gaz dont on veut estimer la force élastique. Le fluide exerce en B une pression qui soulève une colonne de mercure de hauteur AB. La pression de cette colonne mesure la force élastique du gaz, puisqu'elle lui fait équilibre.

b) Les pressions supérieures à la pression atmosphé-

FIG. 111. — Le baromètre peut servir de manomètre.

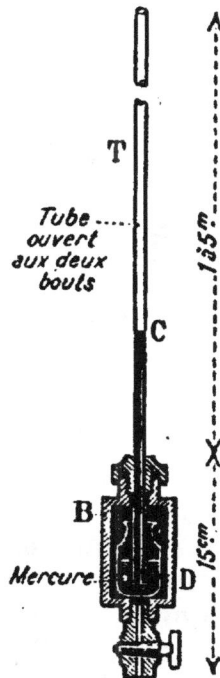

FIG. 112. — Manomètre à air libre et à mercure.

rique se mesurent dans l'industrie au moyen de manomètres à air libre. La figure 112 représente le modèle le plus employé. Un tube de verre, ouvert aux deux bouts, plongé dans du mercure; la cuvette est placée dans une boîte en fer communiquant avec le gaz dont on doit évaluer la pression. Le gaz presse sur le mercure et le refoule dans le tube, jusqu'en c par exemple.

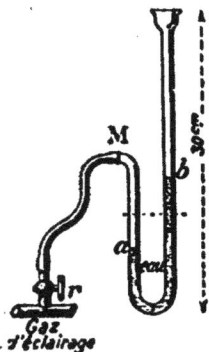

Fıa. 113. — Manomètre à eau.

La pression de cette colonne de mercure CD, augmentée de la pression atmosphérique qui s'exerce en C, mesure la force élastique du gaz.

Remarque. — On pourrait remplacer le mercure par un autre liquide, de l'eau par exemple. Ainsi le manomètre à air libre, qui sert à mesurer la pression du gaz d'éclairage, est un simple tube en U (fig. 113), dont une branche M communique avec une conduite de gaz. La différence des niveaux a b du liquide dans les deux branches, indique de combien la pression du gaz surpasse la pression atmosphérique. On trouve 6 à 8 cm. d'eau.

3. Manomètres métalliques.

— Ils sont d'un usage commode, robustes, facilement transportables.

Le manomètre de Bourdon est formé d'un tube en laiton, en forme d'anneau et à section s elliptique. L'extrémité B est fermée (fig. 114), l'autre C communique avec le

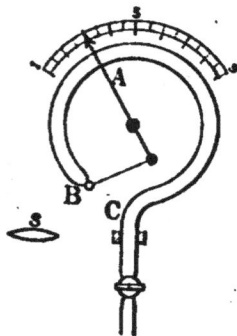

Fıa. 114.— Manomètre métallique de Bourdon.

récipient à gaz; (chaudière, réservoir d'air comprimé, etc.). Quand la pression intérieure augmente, l'anneau tend à se *dérouler* et sa courbure diminue. Les déplacements de B sont transmis à une aiguille mobile sur un cadran divisé.

L'appareil est gradué en kilogrammes par centimètre carré. Quand l'aiguille est au zéro, la pression égale la pression atmosphérique; si elle indique 5, cela veut dire que la pression surpasse la pression atmosphérique de 5 kilogrammes par centimètre carré.

4. Manomètre enregistreur. — Pour le transformer en manomètre enregistreur, il suffit d'amplifier les déplacements de l'extrémité B. On la relie à un système de leviers actionnant une aiguille, comme dans le baromètre enregistreur.

La graduation des manomètres métalliques se fait par comparaison avec un manomètre à air libre.

QUESTIONS ET EXERCICES.

1. Démontrer que dans un manomètre à air libre la pression du gaz qui appuie sur le mercure de la cuvette est bien égale à la pression de la colonne de mercure, augmentée de la pression atmosphérique.

2. Montrer qu'il ne faut pas confondre le poids d'un gaz avec sa force élastique.

3. Dans un tube barométrique on a laissé un peu d'air, de sorte que le mercure ne s'élève qu'à une hauteur de 30 cm au lieu de 76 cm. Trouver : 1° le poids de cet air sachant que le tube a une longueur de 1 m. et une section de 3 cm^2; 2° la force élastique de cet air en grammes par cm^2. Poids du litre d'air 1 g. 3, sous la pression de 76 cm.

4. Dans une boîte cylindrique de 20 cm. de diamètre et de 10 cm. de hauteur, on a enfermé de l'air à la pression de 76 cm. de mercure. Trouver : 1° son poids; 2° la force avec laquelle ce gaz presse sur les parois de la boîte.

5. Dans un manomètre à air libre le mercure monte à une hauteur de 1 m. 60 au-dessus du niveau de la cuvette; le baromètre marque 76 cm. Trouver la pression du gaz : 1° en colonne de mercure; 2° en colonne d'eau; 3° en kilogrammes par centimètre carré de surface; 4° en atmosphères C.G.S. sachant qu'une atmosphère C.G.S. vaut 1.000.000 de dynes.

6. La pression du gaz d'éclairage surpasse la pression atmosphérique de 5 cm. d'eau. Trouver la force qui tend à soulever la partie supérieure d'un gazomètre de 10 mètres de rayon.

7. Quelle serait la hauteur du liquide soulevé dans un baromètre construit : 1° avec de l'huile de poids spécifique 0,0; 2° avec de l'eau; 3° avec de l'acide sulfurique de densité 1,8. — On néglige la tension de vapeur de ces liquides.

8. Montrer l'avantage du manomètre à eau sur le manomètre à mercure pour mesurer de faibles pressions.

9. Avantages des manomètres métalliques.

CHAPITRE X

LOIS DES GAZ

§ I. — COMPRESSIBILITÉ DES GAZ. LOI DE MARIOTTE.

1. État gazeux. — Nous avons vu (*Physique*, 1re année), qu'un gaz est caractérisé par ce fait : qu'il est compressible et indéfiniment expansible.

De plus les gaz satisfont à certaines lois numériques, nommées lois des gaz. Ces lois sont relatives aux changements de volume qu'éprouvent les gaz, quand on fait varier leur pression ou leur température.

2. 1re Loi, loi de Mariotte. — Elle exprime la relation existant entre le volume et la pression d'un gaz, la température restant constante (1). Elle se formule ainsi :

A température fixe, le volume d'une masse gazeuse varie en raison inverse de la pression.

C'est-à-dire que si la pression devient 2, 3 fois plus grande, le volume devient 2, 3 fois plus petit et inversement.

---

(1) L'abbé Mariotte, physicien célèbre (1620-1684), énonça vers 1676 la loi qui porte son nom. — Robert Boyle, en Angleterre, la découvrit en 1662.

8. Vérification de la loi de Mariotte. — On peut vérifier cette loi, au moyen du dispositif suivant, qui n'est autre qu'un manomètre à air libre.

Un tube AB, divisé en centimètres cubes, est relié par un tube en caoutchouc à un réservoir C contenant

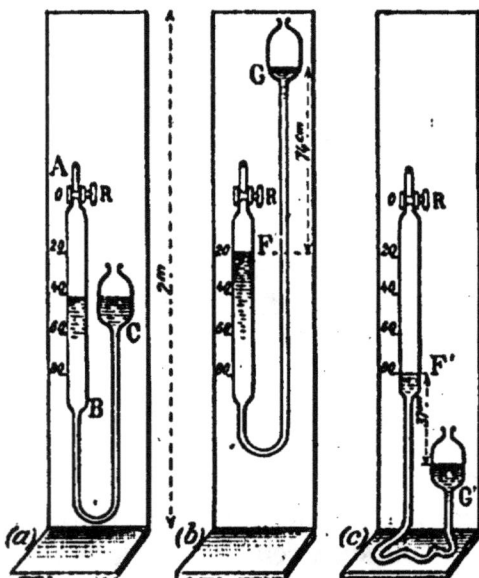

du mercure. Un robinet R permet de fermer le tube à sa partie supérieure (fig. 115).

1re *Expérience.* — Le robinet R étant ouvert, on dispose le réservoir C de façon que le mercure arrive à la division 40 par exemple, et au même niveau dans les deux branches (fig. 115 a). Puis on ferme le robinet R, on a ainsi dans le tube AB un volume d'air V = 40 cm³; sa force élastique est égale à la pression atmosphérique, on mesure cette pression au baromètre. Supposons-la de 74 cm. de mercure.

Fig. 115. — Appareil simple pour l'étude de la compressibilité des gaz.

2e *Expérience.* — On soulève le réservoir C, on comprime ainsi le gaz, son volume diminue; supposons qu'on le réduise de moitié, à 20 cm³. Si on mesure alors la différence des deux niveaux F, G. (fig. 115, b), on la trouve égale à 74 cm. La force élastique du gaz équilibre la pression de cette colonne de mercure, plus la pression atmosphérique (74 cm) s'exerçant au niveau G : elle a donc doublé. La loi est vérifiée.

3e *Expérience.* — Abaissons le réservoir à mercure;

le volume du gaz augmente, on peut l'amener à devenir double de ce qu'il était primitivement, soit 80 cm³.
Alors le niveau G' est inférieur au niveau F' (fig. 24)
et si on mesure la différence, on trouve qu'elle est $\dfrac{74}{2}$
= 37 cm. La force élastique du gaz a donc diminué;
cette force élastique, augmentée de la pression d'une
colonne de mercure de 37 cm., fait équilibre à la pression atmosphérique 74 cm. Elle n'est donc plus que
37 cm., par suite elle est devenue deux fois plus petite.
La loi est encore vérifiée.

4. Expression analytique de la loi de Mariotte.
— Soit v le volume d'un gaz, p sa pression ou force
élastique dans un premier état :

Soit v' le volume de ce gaz, p' sa pression dans un
deuxième état.

La loi se traduit par la proportion

$$\frac{v}{v'} = \frac{p'}{p} \text{ ou } v \times p = v' \times p' \text{ (1)}.$$

le produit du volume par la pression est un nombre
constant.

**5. Variation du poids spécifique d'un gaz avec
la pression.** — Le poids spécifique d'un gaz, poids de
1 cm³, varie avec la pression.

En effet, supposons un gaz renfermé dans un récipient et occupant un certain volume, 50 cm³ par
exemple. Réduisons le volume de moitié, à 25 cm³;
la pression aura doublé. Le poids total étant resté le
même, le poids de 1 centimètre cube aura évidem-
ment doublé.

---

(1) v et v' doivent être mesurés avec la même unité de volume, de
même p et p' doivent être évalués avec la même unité de pression.

Donc le poids spécifique d'un gaz est proportionnel à la pression.

Application. — Étant donné le poids spécifique d d'un gaz, sous la pression normale de 76 cm., trouver son poids spécifique d' sous la pression p, on a

$$\frac{d}{d'} = \frac{76}{p} \text{ donc } d' = d \times \frac{p}{76}$$

6. Comparaison des volumes des gaz. — Si on veut comparer les volumes des gaz, il faut que tous les volumes soient mesurés sous la même pression.

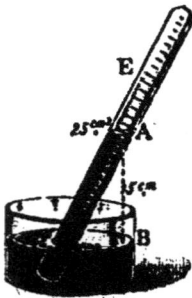

FIG. 116. — Mesure du volume et de la force élastique d'un gaz.

Or il est rare qu'on puisse mesurer les volumes des gaz à la même pression ; mais la loi de Mariotte permet de calculer les volumes que ces gaz auraient occupé à une pression déterminée, 76 cm. par exemple (voir exercices).

On recueille fréquemment un gaz dans une éprouvette, sur une cuve à eau ou à mercure (fig. 116). Soient A et B les deux niveaux, h leur distance verticale. Pour avoir la pression du gaz, il suffit de remarquer que sa force élastique, s'exerçant en A, augmentée de la pression de la colonne liquide de hauteur h, fait équilibre à la pression atmosphérique s'exerçant en B. La force élastique s'obtient donc en retranchant de la pression atmosphérique la pression de la colonne de liquide.

QUESTIONS ET EXERCICES

1. On a recueilli sur la cuve à mercure 25 cm³ de gaz; la hauteur du mercure soulevé dans le tube est de 15 cm., le baromètre marque 76... Trouver la force élastique du gaz (fig. 116).

2. Même question en supposant le gaz recueilli sur la cuve à eau. Densité du mercure 13,6.

3. Trouver ce que deviendrait ce volume, si on soumettait le gaz à une pression de 76 cm. de mercure.

4. D'une façon générale, étant donné le volume V d'un gaz et sa pression p en cm. de mercure, ramener le volume à la pression normale de 76 cm. de mercure.

5. Une vessie fermée contient ½ litre d'air, à la pression de 75 cm.; à quelle pression le volume deviendra-t-il 1 l. 75?

6. Un obus en acier d'une capacité de 10 litres, contient de l'oxygène comprimé sous une pression de 120 kilogrammes par centimètre carré; on veut remplir de ce gaz des sacs en caoutchouc d'une capacité de 50 litres. Combien pourrait-on en emplir? Pression atmosphérique 75 cm. de mercure, d du mercure = 13,6.

7. Le volume d'un aérostat est de 500 m³ sous la pression de 76 cm., l'aérostat est gonflé aux trois quarts. Quelle sera la pression des couches d'air au milieu desquelles le ballon serait gonflé complètement? Trouver le poids spécifique de cet air. Poids spécifique de l'air à 76 cm. 0 g. 0013.

8. Quel serait le poids de 10 litres d'oxygène comprimé, à 100 kilogrammes par centimètre carré, sachant que sous la pression normale le poids du litre d'air est 1 g. 3 et que la densité de l'oxygène par rapport à l'air est 1,1?

9. A l'aide d'une pompe de bicyclette on comprime de l'air dans un bandage pneumatique de 5 litres de capacité. Avec quelle force faudrait-il pousser le piston pour que la soupape s'ouvre quand la pression sera de 5 atmosphères? Une atmosphère équivaut à 76 cm. de mercure. Rayon du piston 1 cm. 5. Densité du mercure 13,6. — Quel serait le volume d'air mesuré à 76 cm. nécessaire pour gonfler le pneumatique?

§ 2. — DILATATION DES GAZ. — LOI DE GAY-LUSSAC. DENSITÉ DES GAZ.

1. Dilatation d'un gaz. — La chaleur dilate les gaz (voir *Physique*, 1re année, page 13). La deuxième loi des gaz est relative à cette dilatation, elle est connue sous le nom de loi de Gay-Lussac (1).

(1) Gay-Lussac, physicien célèbre et chimiste illustre, professeur au Collège de France et à l'École polytechnique, découvrit cette loi en 1802.

2. Loi de Gay-Lussac. — *A pression constante, le coefficient de dilatation est le même pour tous les gaz. Il est égal à $\frac{1}{273}$ ou 0,00366, et indépendant de la température et de la pression initiales.*

Supposons un gaz *quelconque* enfermé dans un récipient. Chauffons-le de 1° centigrade, la *pression res-*

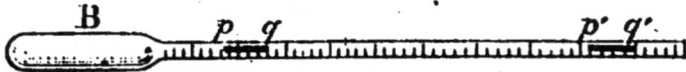

FIG. 117. — Dilatation de l'air sous pression constante.
Le gaz est renfermé en B et séparé de l'air par un index mercuriel *pq* qui se déplace quand on chauffe le gaz.

tant constante (fig. 117) : l'expérience montre que ce volume variera. S'il est égal à 1, il deviendra $1 + \frac{1}{273}$; s'il est égal à V, il deviendra $V + \frac{V}{273}$, et cela quelles que soient la température et la pression initiales.

Ainsi les gaz se distinguent des solides et des liquides. Pour ces derniers, un changement de volume causé par une variation de température et de pression, est différent pour chaque substance; pour les gaz, au contraire, deux volumes égaux à la même température et à la même pression, resteront égaux si on les amène tous deux à une autre température et à une autre pression quelconques.

Le coefficient de dilation des gaz est beaucoup plus grand que celui des solides et des liquides. Il vaut 100 fois celui du fer et 20 fois celui du mercure.

3. Volume d'un gaz. — Soit V_0 le volume d'un gaz à 0° trouver son volume quand on l'échauffe de t°.

1 cm³ de gaz chauffé de 1° se dilate de $\frac{1}{273}$

V_0 cm³ de gaz chauffés de 1º se dilatent $\dfrac{V_0}{273}$

V_0 cm³ — — de tº — $\dfrac{V_0 \times t}{273}$

le volume final V_t est donc

$$V_t = V_0 + \frac{V_0 \times t}{273} = V_0 \left(1 + \frac{t}{273}\right)$$

QUESTIONS ET EXERCICES

1. Montrer que la densité d'un gaz diminue quand sa température augmente.

2. Un centimètre cube d'air à 0º et sous la pression de 76 cm. de mercure pèse 0 g. 0013. Trouver le poids de 10 litres d'air mesurés à 20º et sous la pression de 70 cm. de mercure.

3. De combien faut-il chauffer une masse de gaz à pression constante pour que le volume devienne double?

4. La densité de l'oxygène par rapport à l'air est 1,1056. A quelle pression faudrait-il comprimer de l'oxygène à 0º pour que son poids spécifique devienne égal à celui de l'eau? Poids spécifique de l'air 0 g. 0013.

5. Un ballon de 3.000 m³ est gonflé d'hydrogène sous la pression de 75 cm. et à 20º. Trouver le poids de cette masse d'hydrogène. Densité de l'hydrogène par rapport à l'air 0,069. Poids spécifique de l'air 0,0013 à 0º et à 76 cm.

CHAPITRE XI

PRINCIPE D'ARCHIMÈDE
APPLIQUÉ AUX GAZ. — AÉROSTATS

1. Poussée exercée par les gaz. — Le principe d'Archimède s'applique aux gaz comme aux liquides.

Expérience. — On suspend au plateau d'une balance un ballon de verre, on l'équilibre avec une

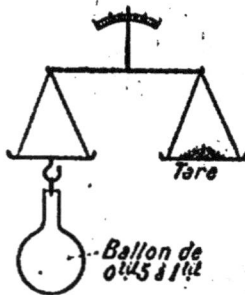
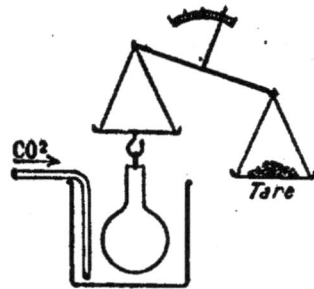

Fig. 118 *(a)*.　　　Fig. 118 *(b)*.
Principe d'Archimède appliqué au gaz.

Le ballon est équilibré dans l'air par la tare; quand on le plonge dans du gaz carbonique, la balance s'incline du côté de la tare.

tare (fig. 118 *a*); puis on le plonge dans un vase rempli de gaz carbonique (fig. 118 *b*), la balance s'incline du côté de la tare. Donc le corps reçoit une poussée verticale de bas en haut.

Pour rétablir l'équilibre, il faut placer du côté du ballon un poids qui représente exactement la différence entre le poids du gaz carbonique et le poids de l'air déplacé.

2. Principe d'Archimède appliqué aux gaz. — *Tout corps, plongé dans un gaz, éprouve de la part de ce gaz des pressions dont la résultante nommée poussée est une force verticale, dirigée de bas en haut, égale au poids du gaz déplacé.*

Cette force est appliquée au centre de gravité du gaz déplacé, nommé centre de poussée.

3. Action combinée du poids et de la poussée. — Quand un corps est plongé dans un gaz, trois cas peuvent se présenter.

1º Le poids du corps P est plus grand que la poussée P'. C'est le cas de presque tous les corps placés dans l'air. *Ex.* : un morceau de granit.

Supposons son volume de 1.000 cm³ et sa densité 2,5. Il est sollicité par deux forces; son poids 2.500 g., et la poussée égale au poids de l'air déplacé, 0 g. 0013 × 1.000 = 1 g. 3. La différence de ces deux forces, 2.500 — 1,3 = 2.498 g. 7, est le poids apparent du morceau de granit dans l'air. Nous voyons que pratiquement la poussée est peu sensible vis-à-vis du poids; le poids apparent est presque égal au poids réel.

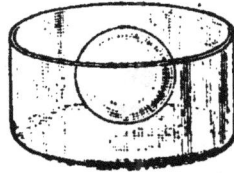

Fig. 119. — Une bulle de savon est en équilibre dans un gaz, de densité telle, que le poids de la bulle égale la poussée.

Néanmoins il faut tenir compte de la poussée dans les pesées de précision, effectuées dans l'air (voir exercices).

2º Le poids P = la poussée P'.

Ex. : une bulle de savon gonflée d'air, que l'on fait descendre dans un mélange convenable d'air et de gaz carbonique (fig, 119). Le corps reste en équilibre, le poids apparent est nul.

3° On a P < 'P'.

Ex. : une bulle de savon gonflée d'hydrogène; elle monte dans l'air entraînée par une force P' — P qui est sa *force ascensionnelle* (1).

4. Aérostats. — Imaginons, au lieu d'une bulle de savon, une enveloppe assez grande, renfermant du gaz d'éclairage ou de l'hydrogène ou un gaz moins dense que l'air, Si le poids de l'air déplacé (poussée), est supérieur au poids total de l'appareil, le corps *s'élèvera en l'air et pourra s'y maintenir;* on aura un aérostat (2).

5. Aérostats sphériques. — Ce sont des ballons sphériques, de 1.000 à 3.000 m³ de capacité. L'enveloppe est constituée de plusieurs couches de soie, imperméabilisée par un vernis spécial (fig. 120). En bas, pend une manche ouverte, pour laisser échapper l'excès de gaz pendant l'ascension.

En haut est une soupape au moyen de laquelle on donne issue au gaz pour faire descendre l'aérostat.

Un filet répartit sur toute la surface le poids d'une nacelle en osier où se placent les aéronautes.

Des sacs de lest (sable), permettent de régler la force ascensionnelle et de se relever à propos.

Manœuvre de l'aérostat. — Au départ, on règle la force ascensionnelle à une vingtaine de kilogrammes seulement. Quand le ballon monte, la pression extérieure diminue; le gaz contenu dans l'enveloppe se dilate et la distend. La force ascensionnelle reste constante jusqu'à ce que l'enveloppe soit complètement

(1) Expérience faite pour la première fois par Black en 1782.

(2) L'idée fut réalisée le 5 juin 1783 par deux ingénieurs français, les frères Montgolfier. Leur montgolfière était formée d'une enveloppe sphérique de 12 mètres de diamètre, en toile doublée de papier et gonflée d'air chaud.

distendue : en effet, si la densité des couches d'air va
en diminuant, le volume déplacé va en augmentant,
ce qui fait compensation.

Quand l'enveloppe est tendue, le gaz sort par la

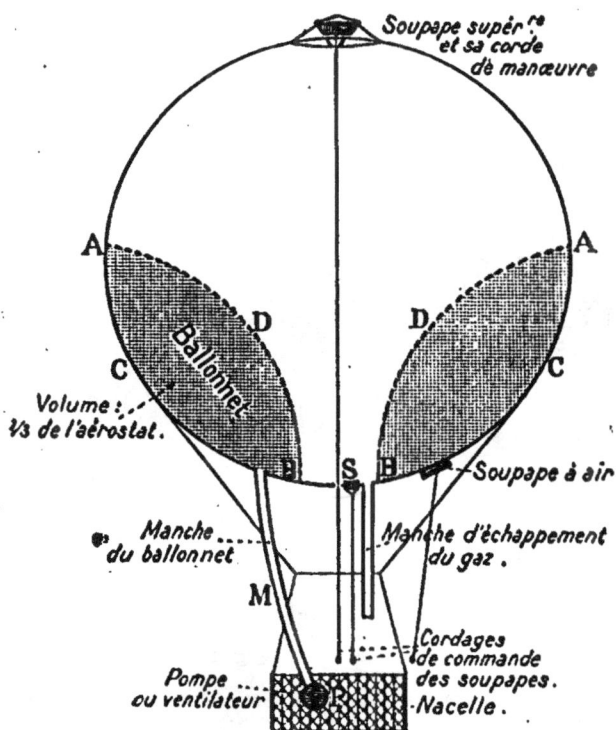

Fig. 120. — Ballon à ballonnet. Le *Djinn* de M. de la Vaulx.
(*La Vie Automobile*, n° 113, du 28 novembre 1903.)

manche; la poussée diminue et à une certaine altitude
il y a équilibre.

Stabilité. — Le centre de gravité qui est voisin de la
nacelle, et le centre de poussée situé au milieu du
ballon, se placent sur la même verticale.

Pour assurer cette stabilité, il faut que l'enveloppe
soit toujours gonflée complètement; on y arrive au
moyen du ballonnet à air. C'est un espace ACB, mé-

6.

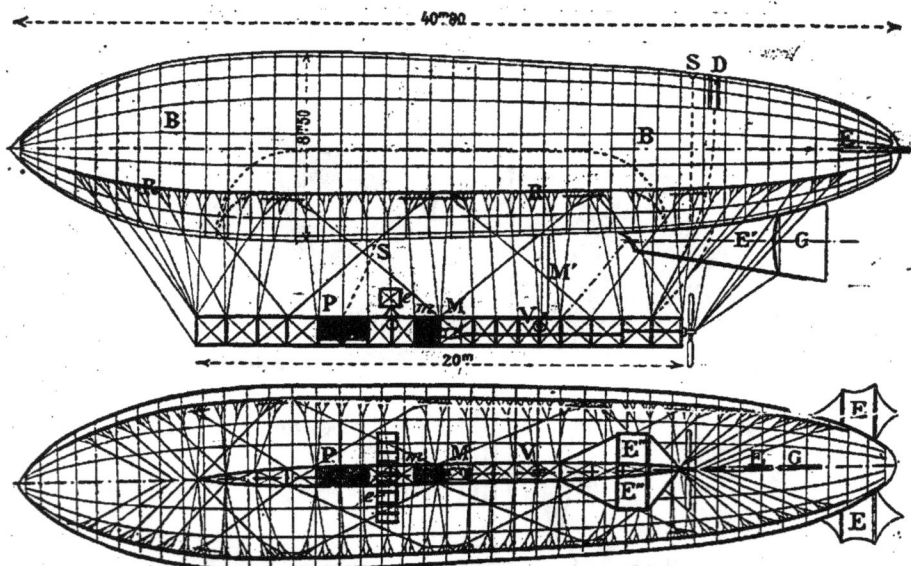

FIG. 121. — Le dirigeable Zodiac III, d'un volume de 1.400 m³, muni d'un moteur 40 HP.

La figure en haut représente l'élévation latérale; en bas le dirigeable est vu en dessous.

La nacelle est rattachée à l'enveloppe à gaz BB, par des rallonges RR entrecroisées. On voit en G le gouvernail de direction et en *e* le gouvernail de profondeur ou stabilisateur biplan.

Le moteur M actionne l'hélice placée à l'arrière.

Un empennage horizontal EE, et vertical E', augmente la stabilité. Le ballonnet à air est limité par les lignes pointillées. SS sont les soupapes à gaz.

nagé entre l'enveloppe de l'aérostat et une enveloppe intérieure DD'. Quand on monte, le gaz intérieur se dilate, il refoule l'air du ballonnet qui sort par une soupape à air (fig. 120); on ne perd pas de gaz. Quand on descend, l'enveloppe tend à se dégonfler; on la maintient tendue en comprimant de l'air dans le ballonnet.

6. Ballons dirigeables. — Les sphériques peuvent s'élever en l'air, mais non s'y diriger. On a essayé de donner aux ballons une vitesse propre, permettant de les diriger.

Pour fendre l'air avec facilité on donne à l'enveloppe la forme d'un poisson. La nacelle, allongée, est rattachée au filet par des cordages en acier convenablement entrelacés (fig. 121). L'impulsion est fournie par des moteurs légers et puissants (1 à 2 kilogrammes par cheval) actionnant une ou deux hélices. La direction est donnée par des gouvernails de direction et de profondeur.

On est ainsi arrivé à des vitesses propres de 50 à 60 kilomètres à l'heure, permettant d'affronter presque tous les temps (1).

7. Aéroplanes. — Les ballons sont plus légers que l'air qu'ils déplacent, les aéroplanes sont beaucoup plus lourds. Ils s'élèvent et se soutiennent en l'air, à la manière des oiseaux (avis, oiseau); la science de leur manœuvre constitue l'aviation.

Fig. 122. — Cerf-volant.
Le vent qui se glisse sur la surface AB tend à la soulever.

Supposons une surface plane AB, celle d'un cerf-

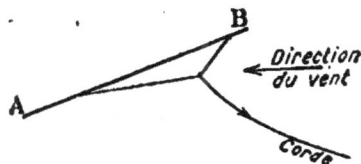

(1) Dès 1784 le général Meusnier imagina un dirigeable presque identique aux dirigeables modernes; l'absence de moteur puissant ne permit pas l'exécution du projet.

volant par exemple, légèrement inclinée et tirée par

FIG. 123. — Monoplan Blériot XI.

Parti de Calais à 4 h. 41, Blériot arrive à Douvres à 5 h. 13 faisant 38 km. en 32 minutes.

L'appareil avec le pilote et l'essence pesait 300 kg., il était muni d'une hélice de 2 m. 03 de diamètre actionnée par un moteur de 25 HP pesant 60 kg. tournant à 1.350 tours par minute, et exerçant une traction de 100 kg. environ Envergure 7 m. 80, longueur 8 m., surface portante, 14 m.

(*Journal l'Aérophile*, 1er mars 1911.)

une corde (fig. 122). Le vent qui vient frapper sur

FIG. 124. — Biplan Farman. Sur ce biplan Paulhan a gagné la course (Londres-Manchester) (28 avril 1910).

cette surface, tend à la soulever comme le ferait un

coin : la surface glisse sur l'air et monte comme sur un plan incliné.

Dans les aéroplanes, la traction de la corde est remplacée par l'impulsion d'une hélice tournant dans l'air et actionnée par un moteur léger et puissant.

Tantôt la surface portante se rapproche d'un plan (monoplan). Tel est le monoplan Blériot, représenté par la fig. 123 qui, le 29 juillet 1909, traversa la Manche de Calais à Douvres en 32 minutes. Tantôt la surface comporte deux plans (biplan), comme celle du biplan Farman (fig. 124).

Des aéroplanes, actionnés par des moteurs allant jusqu'à 100 chevaux, ont pu tout récemment atteindre des vitesses de 90 et 100 kilomètres à l'heure. C'est la vitesse du vent quand il souffle dans une violente tempête.

QUESTIONS, ET EXERCICES

1. On fait la tare dans l'air d'un ballon de 0 l. 5, puis on le plonge dans du gaz carbonique de densité relative 1,5. Trouver le poids qu'il faut placer à côté du ballon pour rétablir l'équilibre.

2. Un morceau de plomb, placé dans l'un des plateaux d'une balance, est équilibré de l'autre côté par des poids de 1.500 g. en laiton. Trouver le poids réel du bloc de métal. Densité du plomb 11,3; du laiton 8,8; poids spécifique de l'air 0,0013.

3. TARE COMPENSÉE. — On a équilibré un ballon en verre, de volume extérieur 6 litres, au moyen de poids de volume 0 l. 375. La pression de l'air est 76 cm. et la température 0°. Dire ce qui arriverait si la pression devenait 74 cm. et la température 10°. Que faudrait-il pour rétablir l'équilibre?

4. On veut tarer un ballon du volume V : quel doit être le volume de la tare (tare compensée), pour que l'équilibre persiste, quelles que soient la température et la pression?

5. BALLONS. — Quel serait le poids maximum que pourrait enlever un ballon de 1 m³, gonflé d'hydrogène? Densité de l'hydrogène 0,069, poids spécifique de l'air 0 g. 0013.

6. Un ballon cube 3.000 mètres; enveloppe et accessoires pèsent 1.040 kilogrammes; calculer sa force ascensionnelle à 0° et à 76 cm. quand il est gonflé : 1° d'hydrogène, de densité 0,069; 2° de gaz d'éclairage, de densité 0,4. Avantage de l'hydrogène.

CHAPITRE XII

POMPES USUELLES A GAZ ET A LIQUIDES. — TROMPES. — SIPHON. — PIPETTE

Définition. — Les pompes sont des appareils destinés à traverser des fluides, gaz ou liquides.

§ 1. — POMPES A GAZ

1. Principe des pompes à gaz.

Description. — Elles se composent essentiellement d'un cylindre ou *corps de pompe*, dans lequel se meut un *piston* auquel on imprime un mouvement de va-et-vient (fig. 125). Deux soupapes *a*, *b*, placées à l'orifice des *conduits d'aspiration* et d'*échappement* s'ouvrent dans le sens du mouvement du gaz à transvaser.

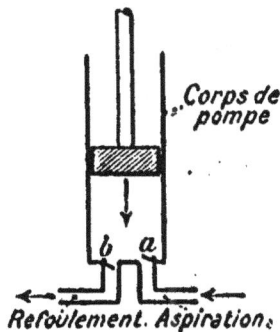

Corps de pompe

Refoulement. Aspiration.

Fıg. 125. — Schéma représentant le principe des pompes à piston.

Fonctionnement. — Supposons le piston au bas

de sa course : quand on le soulève, le vide se fait au-dessous de lui ; le gaz qui agit sur la soupape *a*, la soulève par sa force élastique et pénètre immédiatement dans le corps de pompe. Pendant ce temps la soupape *b* reste fermée.

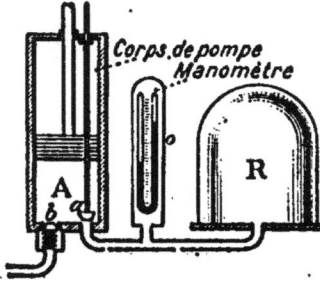

Quand on abaisse le piston, il comprime le gaz qui ferme la soupape *a*. Lorsque la force élastique de ce gaz est suffisante, il ouvre la soupape *b* et se trouve refoulé au dehors.

FIG. 126. — Schéma de la machine pneumatique.

La soupape A est commandée par le mouvement du piston, la soupape *b* est légèrement soulevée par un ressort.

2. Machine pneumatique. — La pompe s'appelle *machine pneumatique*, quand elle est simplement destinée à faire le vide dans un réservoir tel que R, qui communique avec le tuyau d'aspiration (fig. 126).

Fonctionnement. — Le piston étant au bas de sa course, on le soulève. Le gaz, contenu sous la cloche R, pénètre dans le corps de pompe A. Son volume augmente, sa force élastique diminue d'après la loi de Mariotte. Supposons le volume de la cloche égal à 5 litres, et celui du corps de pompe 1 litre. Le volume primitif 5 litres devient $5 + 1 = 6$ litres, la pression qui était p devient $p_1 = p \times \dfrac{5}{5 + 1} = p \times \dfrac{5}{6}$

Quand le piston baisse, *a* se ferme, *b* s'ouvre, le gaz est expulsé ; il en sort le $\dfrac{1}{6}$ de la masse primitive.

De même à chaque coup de piston on expulse le $\dfrac{1}{6}$ du poids de gaz contenu dans le réservoir, et il en reste les $\frac{5}{6}$. Ainsi, au bout du second coup, la pression du gaz

est les $\frac{5}{6}$ des $\frac{5}{6}$ de p, soit les $\frac{25}{36}$ de la force élastique primitive.

Dispositif. — La machine ordinaire est formée de

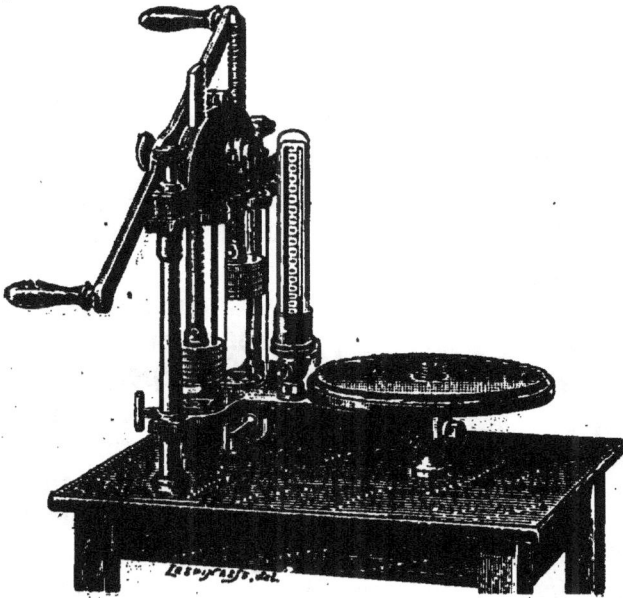

FIG. 127. — Dispositif d'une machine pneumatique à deux corps de pompe.
Elle peut aussi servir à comprimer les gaz.

deux corps de pompe accouplés. Un piston monte quand l'autre descend, on fait le vide deux fois plus vite et la manœuvre est aussi facile à la fin qu'au commencement (fig. 127). Les cylindres sont métalliques ou en cristal; les pistons pleins; les soupapes automatiques commandées par le mouvement même du piston. De l'huile de vaseline couvre le piston pour éviter les rentrées d'air. On arrive ainsi à un vide de

1 millimètre de mercure (1). Un manomètre à mercure, enfermé dans une éprouvette communiquant avec le réservoir, donne la force élastique du gaz.

Applications. — Dans les laboratoires, on utilise la machine pour différentes expériences. (*Ex.* : crève-vessie, hémisphères de Magdebourg, expansibilité des gaz, pesanteur des gaz, etc.). Dans l'industrie, on s'en sert pour faire le vide au-dessus des liquides (tels que les sirops de sucre), qu'on veut faire bouillir à basse température; pour nettoyer les tapis, etc.

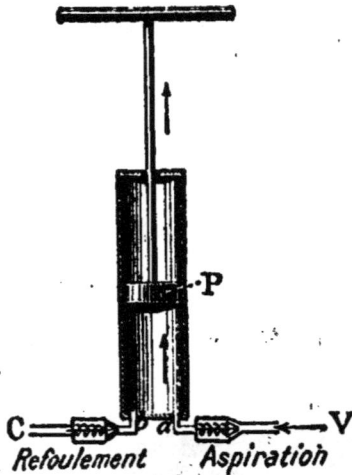

FIG. 128. — Schéma d'une pompe de compression.
Le piston monte.

3. Pompes de compression.

Principe. — Si on adapte un réservoir au conduit d'échappement (fig. 128), la pompe refoulera le gaz dans ce récipient et deviendra une pompe de compression.

Fonctionnement (voir 1, page 107). — Supposons pour plus de simplicité qu'on puise un gaz ayant une pression constante; de 76 cm. par exemple. Quand le piston monte, le cylindre se remplit d'un gaz ayant un volume v, et une pression de 76 cm.; quand le piston baisse, ce gaz pénètre dans le réservoir qu'il remplit. Il prend le volume V, sa force élastique devient

$$76 \times \frac{v}{V}$$ — Au deuxième coup, la pression augmente

---

(1) Ce qui veut dire que la force élastique du gaz dans le récipient à vider peut décroître jusqu'à 1 mm. de mercure. Le vide est limité par des rentrées d'air.

de la même quantité; au bout de n coups, elle a augmenté de $76 \times \dfrac{v}{V} \times n$.

Dispositif. — La figure 128 représente un modèle de pompe à main permettant de comprimer de l'air à une vingtaine de kilos par centimètre carré. Des compresseurs industriels atteignent 100 et 150 kilogrammes par centimètre carré.

Dans la pompe de bicyclette (fig. 129), le piston comprend un cuir embouti serré entre deux rondelles de métal; quand on tire le piston, l'air s'introduit dans le cylindre en passant entre le cuir et la paroi. Quand on pousse le piston, l'air

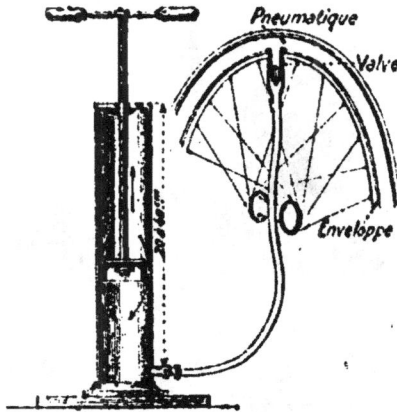

Fig. 129. — Pompe de bicyclette.
Le piston monte et l'air entre dans le cylindre.

comprimé applique les bords du cuir contre le corps de pompe; l'air est refoulé et pénètre dans le pneumatique dont la valve remplace la soupape b.

4. Applications de l'air comprimé.

1º *Poste pneumatique.* — A Paris, un système de tubes souterrains relie certains bureaux de poste. Dans ces tubes peut glisser exactement un piston creux formant boîte. On y met la dépêche manuscrite, puis on injecte de l'air comprimé derrière le piston qui est chassé rapidement d'une station à une autre.

2º *Force motrice.* — A Paris, l'air comprimé à 3 o· 4 kilogrammes par centimètre carré, est distribué par une canalisation à de petits ateliers. Là on l'utilise au lieu de vapeur pour actionner des moteurs à piston. Les machines perforatrices, servant à creuser les grands tunnels, sont mues aussi par l'air comprimé.

Certains tramways portent des réservoirs d'air comprimé à 100 kilogrammes par centimètre carré, on emploie cet air pour déplacer le piston du moteur.

3. *Travaux hydrauliques.* — Le *scaphandre* est un vêtement en caoutchouc, étanche, surmonté d'un

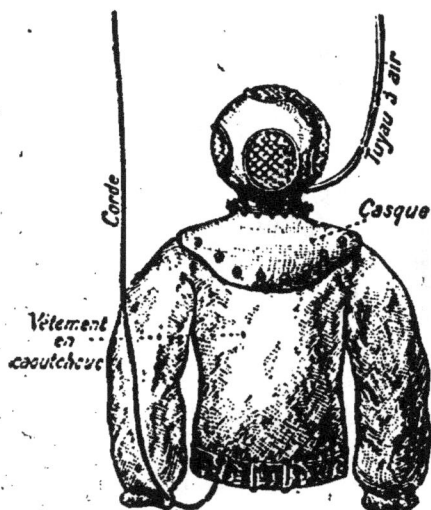

FIG. 130. — Scaphandre.

On voit le tuyau à air rattaché au casque
En arrière du casque une tubulure à robinet laisse échapper l'excès d'air à la volonté du scaphandrier.

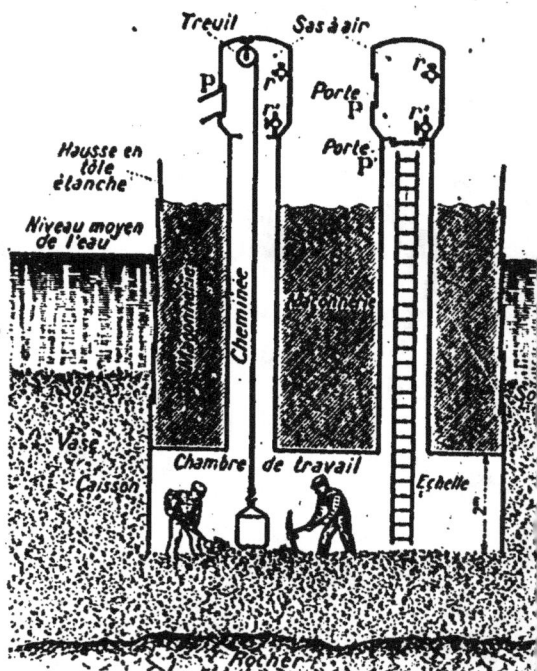

FIG. 131. — Fondations à l'air comprimé.

casque métallique (fig. 130). L'homme revêtu de cet appareil peut travailler sous l'eau. Il reçoit de l'air par un tuyau qui communique avec une pompe de compression; l'air qui a servi à la respiration s'échappe par une soupape disposée derrière le casque. En prenant certaines précautions, on peut descendre à des profondeurs allant jusqu'à 40 mètres.

Pour établir des fondations sous l'eau ou dans des terrains mous, on utilise heureusement les caissons à air comprimé. Le caisson est une vaste boîte en tôle;

renversée, surmontée d'une ou plusieurs cheminées communiquant avec l'air extérieur (fig. 131). On y envoie de l'air comprimé qui refoule l'eau; de sorte que le caisson forme chambre à air et l'ouvrier y travaille à sec. Les déblais sont montés par la cheminée, dans laquelle est une écluse à air pour le passage des matériaux et des ouvriers. Le caisson s'enfonce peu à peu; et au fur et à mesure, on construit les fondations au-dessus.

Les *horloges pneumatiques*, les freins Westinghouse, sont encore des applications de l'air comprimé.

§ 2. — POMPES A LIQUIDES

1. Principe des pompes à liquides. — Le dispositif est essentiellement le même que celui des pompes à gaz (comparer fig. 125 et 132).

2. Fonctionnement. — Il comprend deux phases :

1° Au début, la pompe joue le rôle de machine pneumatique. Elle fait le vide dans le tuyau d'aspiration qui plonge dans le liquide, de l'eau par exemple. A chaque coup de piston, l'eau monte dans le tuyau d'aspiration. Elle est poussée par la pression atmosphérique, s'exerçant sur la surface libre du liquide; elle finit par pénétrer dans le corps de pompe (fig. 132).

Fig. 132. — Schéma des pompes à eau.

2° Alors la pompe est *amorcée*. Quand le piston monte, l'eau suit le piston. Quand le piston baisse, il

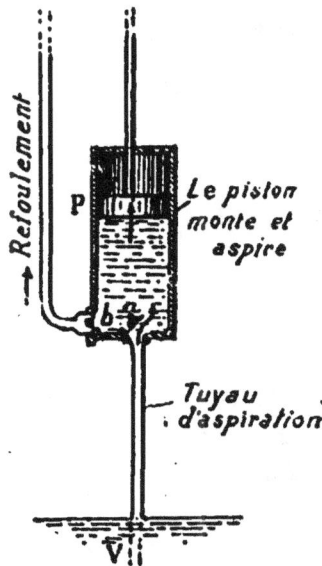

comprime le liquide et le refoule dans le tuyau d'é-
chappement.

3. Différentes sortes de pompes.

1° *Pompe aspirante et foulante.* — C'est la pompe
dont nous venons d'étudier
le fonctionnement.

2° *Pompe aspirante.* —
Quand il n'y a pas de tuyau
de refoulement, la pompe est
dite *aspirante*; telle est la
pompe des jardins (fig. 133).
La soupape *b* est ici placée dans
le piston; quelquefois même
on la sup-
prime et le
piston est
formé de la-
melles de
cuir que
l'eau soulè-
ve pour pas-
ser entre le
piston et la
paroi du cy-
lindre (fig.
134).

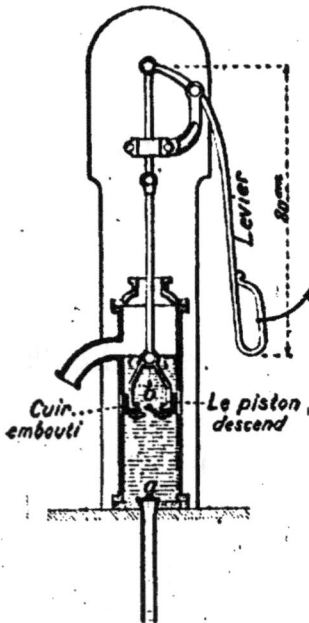

FIG. 133. — Pompe
aspirante.
Coupe verticale d'une pompe
ménagère.

FIG. 134. — Pompe
aspirante.
Le piston est formé de lamelles de cuir que l'eau
soulève.

3° *Pompe foulante.* — Le tuyau d'aspiration est sup-
primé; le corps de pompe plonge dans le liquide. *Ex.* :
la pompe à incendie représentée par la figure 135.

4. Limites d'emploi. — Supposons une pompe

parfaite pouvant faire un vide absolu dans le tuyau
d'aspiration. Le liquide pourra s'élever dans ce tuyau
à la même hauteur que dans un tube barométrique
construit avec le liquide; 10 mètres environ pour
l'eau; 0 m. 76 pour du mercure. Le tuyau ne saurait

dépasser cette longueur. En réalité, à cause des fuites et rentrées d'air, on ne dépasse guère 8 mètres pour l'eau.

La hauteur du tuyau de refoulement n'est limitée

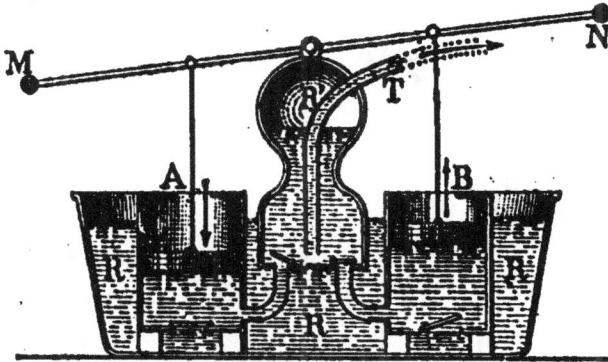

FIG. 135. — Coupe schématique d'une pompe à incendie
(MN = 2 m. 50).

Le piston A descend et refoule de l'eau dans R'; B monte et aspire l'eau dans R. Le réservoir R' contient de l'air dont la pression envoie par T un jet continu.

que par la résistance des tuyaux et la force dont on dispose.

5. Applications. — Les pompes servent à refouler dans des réservoirs l'eau qui alimente les villes; nous avons vu les nombreux usages de l'eau sous pression.

Elles servent à épuiser l'eau des mines; à prendre commodément l'eau des puits, etc.

§ 3. — TROMPES, SIPHON, PIPETTE

1. Définition. — Les *trompes* sont des appareils destinés à faire le vide.

2. Trompe à eau. — Elle se compose de deux ajutages coniques en verre, écartés de 1 ou 2 millimètres (fig. 136). Par l'ajutage *a'* on fait arriver violemment de l'eau, sous une pression de 10 mètres au moins. Cette eau entre dans l'ajutage *a*, et entraîne

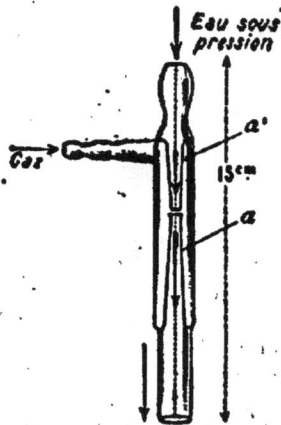

FIG. 136. — Trompe à eau.

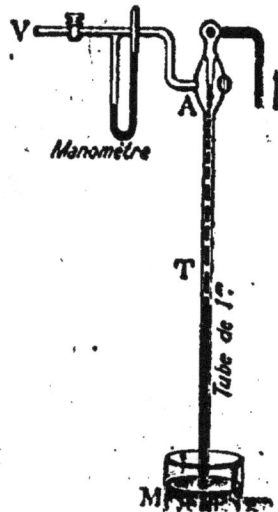

FIG. 137. — Partie essentielle de la trompe à mercure.

avec elle l'air contenu dans le tube qui réunit les deux ajutages.

Elle y fait le vide, ainsi que dans tout récipient communiquant avec lui.

La figure 47 représente la trompe à eau ordinaire. Ce petit appareil très simple, d'un prix peu élevé, permet d'obtenir rapidement un vide de 2 à 3 cm. de mercure.

3. Trompe à mercure. — La figure 137 en montre le principe. Du mercure tombe goutte à goutte, par l'orifice *o*, dans une ampoule communiquant avec le réservoir à vider. Entre deux gouttes de mercure se trouve emprisonnée une bulle d'air qui est entraînée et se dégage au bas du tube.

On vide ainsi les lampes électriques, les ampoules pour rayons X; on peut atteindre un vide de $\frac{1}{100}$ de millimètre de mercure.

4. Siphon.

Description. — Le siphon est un tube recourbé, à deux branches d'inégale longueur. Il sert à transvaser un liquide d'un niveau plus élevé à un niveau moins élevé (fig. 138).

Fonctionnement. — Supposons le siphon *amorcé*, c'est-à-dire plein de liquide : on voit ce liquide s'écouler d'une façon continue, du vase le plus élevé vers celui qui se trouve plus bas, et cela tant que les niveaux sont différents.

FIG. 138. — Siphon. Le liquide s'écoule du niveau le plus élevé A au niveau le moins élevé C.

Théorie. — Les deux vases n'en forment en réalité qu'un seul; ce sont deux vases, communiquant par le siphon. Il ne peut y avoir équilibre que si la surface libre est plane et horizontale, c'est-à-dire le niveau partout le même (1).

Amorçage. — On amorce un siphon en le remplissant du liquide puis bouchant la branche A, on le renverse comme l'indique la figure 139. On peut aussi aspirer avec la bouche par le tube latéral D, en fermant l'extrémité C avec le doigt (fig. 139).

FIG. 139. — Amorçage d'un siphon.

(1) Considérons une tranche *m* de liquide : 1° elle est pressée de B.

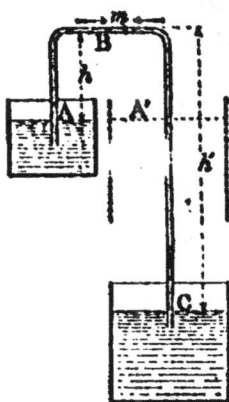

7.

Limite d'emploi. — Le siphon ne peut fonctionner, si la hauteur de la petite branche dépasse la hauteur d'une colonne de liquide qui ferait équilibre à la pression extérieure. En effet, cette pression ne pourrait faire monter le liquide au point le plus élevé du siphon.

5. Pipette. — La pipette est un tube en verre, dont l'un des bouts effilé se termine par un orifice étroit O (fig. 140).

On s'en sert pour prélever une certaine quantité de liquide et le transvaser.

Pour remplir la pipette on la plonge dans le liquide; elle se remplit (1) : on bouche alors l'ouverture supérieure *o'* avec le doigt et on enlève la pipette.

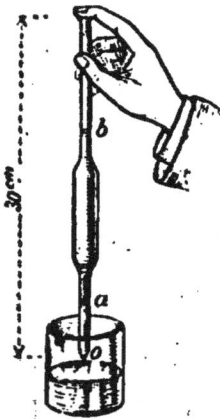

Fig. 140. — Pipette.

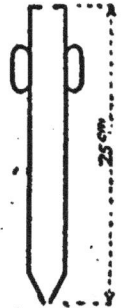

Fig. 140 *bis*.
Tâte-vin
en fer blanc.

Le liquide qu'elle contient y reste, soutenu par la pression atmosphérique.

Si on enlève le doigt, le liquide s'écoule en vertu de son poids, on arrête l'écoulement en remettant le doigt.

La pipette est souvent graduée entre deux traits *a* et *b* pour pouvoir mesurer un volume déterminé de liquide.

vers C par la pression atmosphérique qui s'exerce en A, diminuée de la pression d'une colonne de liquide de hauteur h; 2° elle est poussée de B vers A par la pression atmosphérique qui s'exerce en C, diminuée de la pression d'une colonne de liquide de hauteur h'. La première pression est la plus grande; donc le liquide doit s'écouler de A vers C; la différence des pressions est celle d'une colonne de liquide de hauteur $h' — h$.

(1) On la remplit encore en immergeant dans le liquide la partie *oa* et en aspirant l'air intérieur avec la bouche.

Le tâte-vin est une pipette en fer blanc (fig. 140 bis) qui sert à puiser du vin ou du cidre dans les tonneaux.

QUESTIONS ET EXERCICES

1. Décrivez les organes essentiels d'une machine pneumatique et indiquez-en le fonctionnement.

2. Dans une machine à deux corps de pompe les cylindres mesurent chacun : diamètre intérieur 7 cm., hauteur 20 cm. La cloche a un volume de 5 litres, trouver la pression au bout de 5 coups de piston. Pression initiale 76 cm.

3. La cloche d'une machine pneumatique mesure 10 cm. de rayon; la pression extérieure est de 75 cm., la pression intérieure de 5 cm. Trouver l'effort à faire pour arracher cette cloche de la platine à laquelle elle adhère. Densité du mercure 13,6.

4. Trouver l'effort à faire pour soulever le piston d'une machine pneumatique, sachant que la pression extérieure vaut 76 cm., la pression sous la cloche 4 cm. Densité du mercure 13,6. Un mécanisme spécial est-il nécessaire pour la manœuvre du piston?

5. Faites la description des organes essentiels d'une pompe de compression et indiquez-en le fonctionnement.

6. Une pompe de bicyclette mesure : longueur 17 cm., diamètre intérieur 2 cm. 5, on veut comprimer de l'air dans un bandage pneumatique de longueur totale 207 cm. et d'un diamètre de 4 cm. Combien faudra-t-il donner de coups de piston pour que la pression atteigne 2 kilogrammes par centimètre carré? Pression de l'air 76 cm., le pneu est complètement dégonflé.

7. Décrivez la pompe représentée par la figure 129 et indiquez-en le fonctionnement.

8. A l'aide d'une pompe de compression, on envoie de l'air à un scaphandrier, descendu à une profondeur de 20 mètres sous l'eau. Trouver en kilogrammes la force à faire pour faire baisser le piston de la pompe; rayon du piston 5 cm. Pourrait-on manœuvrer ce piston sans mécanisme spécial?

9. La surface du corps du scaphandrier étant de 1 m. 95, de combien augmentent les forces de pression résultant de la profondeur, 20 m., à laquelle il descend?

10. Le scaphandrier ne sera-t-il pas écrasé par la pression de cette eau? Expliquer comment il résiste.

11. Un caisson à air comprimé contient de l'air à 2 atmosphères et demie. Sa largeur est 10 m., sa longueur 20 m., sa hauteur 5 m. Trouver la force qui tend à le faire remonter. Est-il nécessaire de lester le caisson et de le charger afin de le faire enfoncer?

12. Décrire et indiquer le fonctionnement de la pompe ménagère (fig. 133).

13. Même question pour la pompe représentée (fig. 134).

14. Pourquoi verse-t-on de l'eau sur le piston d'une pompe pour faciliter l'amorçage?

15. Décrire la pompe à incendie, en indiquer le fonctionnement.

16. Dans une pompe foulante le diamètre du piston est 10 cm., on refoule l'eau à 50 m. de hauteur; trouver l'effort à faire pour faire baisser le piston.

17. Si on voulait pomper de l'huile de densité 0,9, quelle serait la hauteur maximum du tuyau d'aspiration? Pression extérieure 75 cm.

18. Décrire une trompe à eau, en indiquer le fonctionnement; avantages de cette trompe.

19. Avantages du siphon.

20. Un siphon est destiné à transvaser du mercure, la pression atmosphérique est de 60 cm. Pour amorcer le siphon on l'emplit de mercure, on bouche les deux orifices et on le renverse sur deux cuves à mercure. La petite branche a 65 cm. de longueur et la grande 70 cm.; trouver ce qui va se passer quand on débouchera les deux orifices.

21. L'air contenu dans une pipette a-t-il une force élastique égale à la pression atmosphérique?

22. Un liquide de densité 1,8 occupe dans la pipette une hauteur de 15 cm. La pression atmosphérique est de 76 cm. de mercure. Trouver en centimètres de mercure la force élastique de l'air contenu dans la pipette. Densité du mercure 13,6.

LIVRE TROISIÈME

OPTIQUE

CHAPITRE I

PROPAGATION DE LA LUMIÈRE

---

1. Corps lumineux, sources lumineuses. —
L'optique a pour objet l'étude des phénomènes lumineux, sensibles à la vue.

On appelle *corps lumineux* les corps visibles pour
l'œil. Les uns sont visibles par eux-mêmes, sans l'in-
tervention d'aucun corps étranger. *Ex.* : le soleil,
une lampe allumée; ce sont des *sources lumineuses.*
D'autres ne sont pas lumineux par eux-mêmes; ils ne
le deviennent que s'ils sont éclairés par une source
lumineuse. *Ex.* : la lune, qui nous renvoie la lumière
du soleil; un livre, éclairé par la lumière d'une lampe;
les murs blancs d'un appartement, quand ils reçoivent
de la lumière d'une source lumineuse.

2. Transmission de la lumière. — Les carreaux de verre d'une fenêtre laissent passer la lumière
qui entre dans une pièce, ils permettent de voir les
objets placés derrière eux; on dit que le verre est un

corps *transparent*. L'air et la plupart des gaz, l'eau, beaucoup de cristaux sont *transparents*.

Des feuilles de papier huilé, des plaques minces de porcelaine, mises à la place des carreaux de verre, laisseraient encore pénétrer la lumière. Elles ne permettraient pas de distinguer les objets extérieurs, de tels corps sont dits *translucides*.

Des planchettes de bois, des lames de zinc, intercepteraient complètement la lumière et transformeraient la pièce en chambre obscure; ce sont des corps *opaques*. *Ex.* : la pierre, les métaux sont *opaques*.

Remarquons que la transparence ou l'opacité peuvent dépendre de l'épaisseur.

On fabrique des feuilles d'or assez minces pour laisser passer la lumière; l'eau au contraire est opaque sous une grande épaisseur. — Souvent il y a lieu de préciser pour quelle couleur un corps est transparent. *Ex.* : le verre rouge des lanternes photographiques ne laisse passer que la lumière rouge, il est opaque pour les autres couleurs.

3. Propagation rectiligne de la lumière.

Expérience. — On dispose en ligne droite trois petites ouvertures o, o', o", pratiquées dans des écrans en métal mince (fig. 141); pour cela on y fait passer un fil bien tendu ne touchant pas les bords des ouvertures; puis on enlève le fil. On place ensuite en O une bougie et on constate que l'œil regardant par O" aperçoit l'ori-

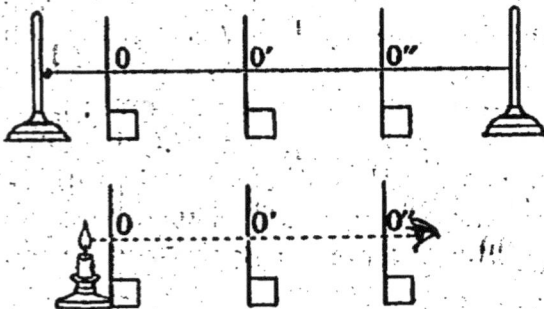

FIG. 141. — Propagation rectiligne de la lumière.

fice O comme un point lumineux. Si on déplace légèrement une des ouvertures, on ne voit plus la source lumineuse.

Donc la lumière se propage en ligne droite dans un milieu homogène.

On voit cette propriété fréquemment utilisée. Pour aligner ses jalons, l'arpenteur les pique de façon qu'ils se cachent mutuellement quand il vise le premier et le dernier. Le menuisier juge si le côté d'une planche est bien dressé en visant les deux extrémités, etc.

Quand la lumière du soleil pénètre par un orifice dans une chambre obscure, elle illumine les poussières de l'air et on voit nettement les limites rectilignes du faisceau lumineux (fig. 142).

Fig. 142. — Éclairage des poussières de l'air par la lumière du soleil.

4. Rayons lumineux. —

On nomme rayon lumineux, toute droite suivant laquelle se propage la lumière.

D'un point lumineux S la lumière part dans toutes les directions, on peut donc mener de ce point une multitude de rayons lumineux.

Faisceau conique de lumière

Faisceau cylindrique de lumière

Fig. 143.

Un ensemble de rayons lumineux forme un *faisceau lumineux :* celui-ci est conique (fig.143), si les rayons partent d'un même point; *cylindrique* si les rayons sont parallèles (fig. 143).

5. Ombre, pénombre. — Soit S une source lumineuse, de dimensions très petites telle que l'arc

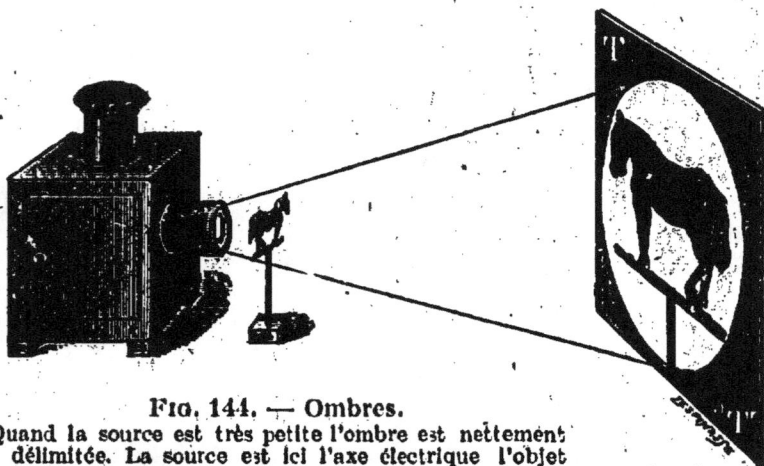

Fig. 144. — Ombres.
Quand la source est très petite l'ombre est nettement
délimitée. La source est ici l'axe électrique l'objet
opaque représente un cheval.

électrique, Interposons un corps opaque entre cette source et l'écran (fig. 144), nous verrons qu'il existe derrière ce corps opaque une région obscure nommée *ombre portée.*

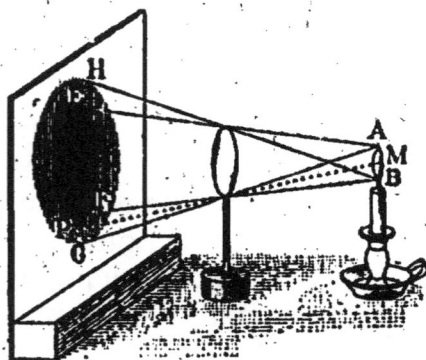

Fig. 145. — Ombre et pénombre.
On passe graduellement de l'ombre pure à
la région de pleine lumière.

Comme le veut la propagation rectiligne, l'ombre est délimitée par les droites menées de S au contour du corps opaque; aucun rayon, partant de S, ne peut arriver dans cette région sans rencontrer le corps opaque.

D'ordinaire, la source a des dimensions notables. *Ex.* : une lampe, une bougie. Dans ce cas, l'ombre est entourée d'une région presque dans l'ombre, ou *pénom-*

bre. La pénombre est d'autant plus éclairée que le point considéré est plus éloigné de l'ombre. Supposons par exemple une bougie et un disque opaque (fig. 145). L'ombre pure sera délimitée par les tangentes communes extérieures AE, BF à la source et au corps opaque; la pénombre par les tangentes communes intérieures, AG, BH, à la source et au corps opaque. Un point P de cette pénombre recevra de la lumière d'une partie AM de la flamme. Cette partie est d'autant plus grande que le point P est plus éloigné de l'ombre pure.

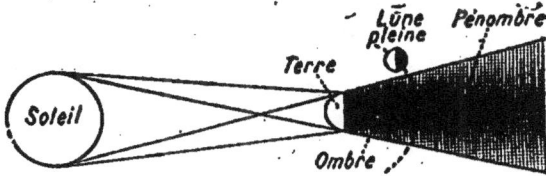

L'ombre des objets éclairés par le soleil est toujours entourée d'une pénombre.

Les éclipses de lune sont causées par l'interposition

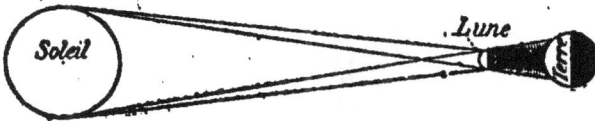

FIG. 146. — Éclipse de lune.

Elle se produit quand la lune pénètre dans le cône d'ombre projeté derrière la terre.

FIG. 147. — Éclipse de soleil.

Elle se produit quand le cône d'ombre projeté derrière la lune rencontre la terre.

de la terre entre le soleil et la lune quand celle-ci est pleine (fig. 146).

Les éclipses de soleil ont lieu quand le cône d'ombre portée derrière la lune vient à rencontrer la terre (fig. 147).

6. Chambre noire. — Soit ABCD (fig. 148) une

boîte rectangulaire, dont le fond CD est formé d'une feuille de papier huilée ou d'une plaque de verre dépoli; pratiquons un petit trou O dans la paroi opposée AB.

Si l'on dirige l'ouverture vers un objet éclairé; on verra, sur le fond CD, une image très nette de l'objet, réelle, renversée et présentant les mêmes colorations. On pourra la dessiner en se mettant à l'abri de la lumière étrangère à l'aide d'un voile noir.

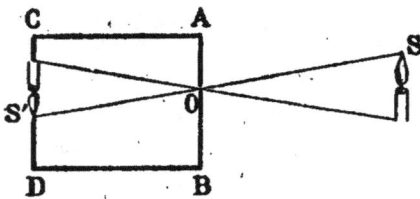

FIG. 148. — Chambre noire.

Explication. — Un point S de l'objet envoie un faisceau délié de lumière à travers l'ouverture. Ce faisceau produit une tache lumineuse en S' (image de S). L'ensemble de ces taches reproduit une image semblable à l'objet; la forme de cette image ne dépend pas de celle de l'ouverture, pourvu que celle-ci soit petite.

7. Vitesse de propagation de la lumière. — Dans le vide et dans l'air la vitesse de propagation de la lumière est de 300.000 kilomètres par seconde; dans l'eau elle en serait les trois quarts, dans le verre les deux tiers.

QUESTIONS ET EXERCICES

1. Expliquer pourquoi un appartement devient plus clair quand on enduit de plâtre blanc les murs et le plafond.

2. Définir ce que l'on entend par corps transparent, translucide, opaque, donner des exemples.

3. Le fond de la mer est-il éclairé à plusieurs centaines de mètres de profondeur?

4. Comment pourriez-vous transformer une chambre ordinaire en une chambre obscure?

5. Un maçon doit dresser et placer dans un même plan la surface de pierres de taille formant bordure d'un trottoir, comment va-t-il s'y prendre?

6. Traiter le problème des ombres et pénombres en prenant comme corps lumineux le soleil, et comme corps opaque la terre.

7. Dans la figure 148 AC = 20 cm; on dirige l'ouverture sur un objet vertical de 10 m. de hauteur et éloigné de 30 m.; trouver les dimensions de l'image.

8. Comment peut-on utiliser la chambre noire?

CHAPITRE II

RÉFLEXION DE LA LUMIÈRE
MIROIRS PLANS

1. Réflexion et réfraction. — Amenons un faisceau de lumière solaire dans une chambre obscure et faisons tomber ce faisceau sur un corps transparent à surface polie, de l'eau par exemple, contenue dans une cuve en verre (fig. 149). Une partie de la lumière est renvoyée dans une autre direction IR et forme un faisceau réfléchi, c'est le phénomène de la réflexion régulière; une autre partie pénètre dans le liquide en changeant de direction, suivant IR', elle forme un faisceau réfracté (1), c'est le phénomène de la réfraction.

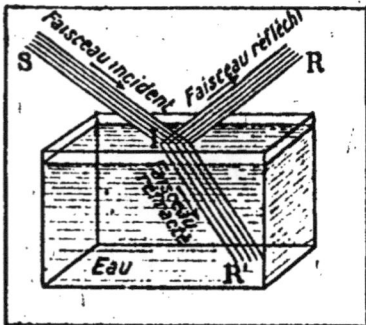

Fig. 149. — Réflexion et réfraction de la lumière.

Un faisceau incident SI se partage en un faisceau réfléchi IR et et un faisceau réfracté IR'.

Étudions d'abord la réflexion régulière.

_____

(1) Réfracté (de *refractus*, brisé), parce que le faisceau incident semble brisé, quand il entre dans le milieu transparent.

2. Lois de la réflexion.

a) Si on dispose devant une surface plane polie (miroir plan) (1) un objet lumineux, on aperçoit une image qui paraît symétrique de l'objet par rapport au miroir.

On peut vérifier la symétrie de la façon suivante. On dispose une feuille de verre à vitres bien verticale; de

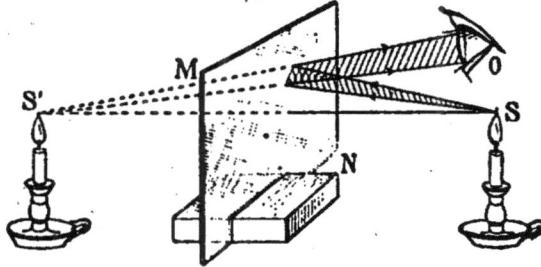

Fig. 150. — Réflexion de la lumière. L'observateur placé en O croit voir la bougie S' allumée.

S' est symétrique de S par rapport au miroir MN.

part et d'autre, bien symétriquement, on place deux bougies identiques (fig. 150). On allume l'une S, et

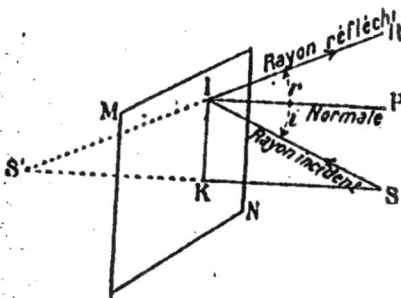

Fig. 151. — Lois de la réflexion.

pour l'œil O l'autre S' paraît s'allumer en même temps. Cette expérience, et beaucoup d'autres, prouvent que les rayons partis d'un point S et réfléchis sur le miroir, semblent venir d'un point S' symétrique de S par rapport au miroir (fig. 151).

b) De ce fait on déduit les lois de la réflexion. Soit S un point lumineux et S' son symétrique par rapport au miroir MN (1). Un rayon incident quelconque SI se réfléchit, suivant IR, comme s'il venait du point S'. Menons IP normale au point d'incidence.

(1) On le construit en abaissant du point S une perpendiculaire SK sur le miroir et en la prolongeant d'une quantité égale S'K = SK.

Les droites IP et SKS' sont parallèles et déterminent un plan; la droite SI est dans ce plan, car ses deux points S et I s'y trouvent contenus. La droite IR a les deux points I et S' dans ce plan; elle s'y trouve donc contenue aussi.

Donc : 1re loi. — *Le rayon incident SI, la normale IP et le rayon réfléchi IR, sont dans un même plan qu'on appelle plan d'incidence.*

Les triangles SIK, S'IK, rectangles en K sont égaux; par suite l'angle S = angle S'.

Or $\hat{S} = i$ (angle d'incidence) comme alternes-internes,

$\hat{S'} = \hat{r}$ (angle de réflexion) comme correspondants.

Donc, 2e loi : *L'angle de réflexion est égal à l'angle d'incidence.*

3, Miroirs plans. — Ils fournissent des images *symétriques* des objets par rapport au miroir. L'image n'est pas toujours identique à l'objet; ainsi l'image de la main droite dans un miroir plan, c'est la main gauche qui ne lui est pas superposable. Il est facile de constater qu'on ne saurait faire coïncider dans toute leur étendue le gant de la main gauche et celui de la main droite.

Ces images sont *virtuelles*. Elles sont formées, non par les rayons eux-mêmes, mais par leurs prolongements géométriques; on ne peut les recevoir sur un écran, elles n'existent que pour l'œil recevant les faisceaux réfléchis.

4. Miroirs parallèles. — Pour décorer les magasins, on dispose souvent deux glaces parallèles et verticales de chaque côté d'une vitrine. Les objets exposés semblent indéfiniment multipliés.

En effet, les rayons partis d'un point S, forment par réflexions successives sur le miroir A, puis sur le miroir

B, des images A_1, A_2, A_3, etc. Les rayons réfléchis, sur

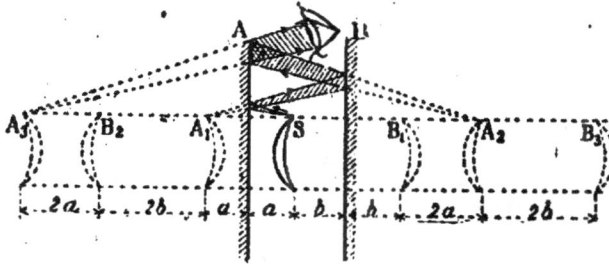

Fig. 152. — Miroirs parallèles. Un objet S fournit une infinité d'images. La figure montre la formation de l'image A_2 par 3 réflexions successives.

B, puis sur A, forment les images B_1, B_2, B_3, (fig. 152).

5. Miroirs angulaires. — Soit SS' un objet placé entre deux miroirs angulaires; on aperçoit une série d'images d'un point S, dispo- sées dans un plan perpendicu- laire à la ligne d'intersection des deux miroirs et sur cette droite.

Supposons l'angle de 90°, les rayons partis de S et ré- fléchis sur A, se comportent comme s'ils venaient de A_1, image de S dans A. Tout se passe comme si A_1, était un objet (objet virtuel); une deu-

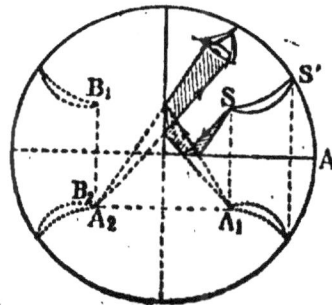

Fig. 153. — Miroirs angulaires.

xième réflexion sur B, formera A_2, image de A_1, dans B (fig. 153).

Si on avait considéré d'abord la réflexion sur B; on aurait obtenu B_1, image de S dans B, puis B_2, image de B_1, dans A. — B_2 et A_2 coïncident, on a 3 images.

Si l'angle des miroirs est compris n fois dans la cir- conférence, on a n figures en comptant l'objet.

6. Usages des miroirs plans. — On utilise les miroirs plans dans la construction de certains instruments d'optique tels que le porte-lumière (fig. 153 bis). Ils servent, comme objets de toilette, pour la décoration des appartements et des magasins, pour produire des illusions au théâtre. On voit quelquefois dans les salons de coiffure des miroirs angulaires permettant de voir simultanément les différents côtés de la personne, etc.

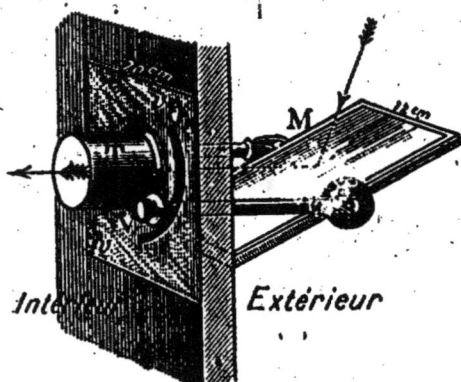

Fig. 153 bis. — Porte-lumière.

Il est formé d'un miroir plan sur lequel se réfléchit la lumière du soleil. Une vis V permet de l'orienter convenablement.

7. Diffusion. — Recevons sur un miroir plan, bien poli, un faisceau de lumière solaire, celle-ci est renvoyée dans une seule direction. En plaçant l'œil suivant cette direction, on reçoit de la lumière et on voit, non pas le miroir, mais l'image du soleil.

Remplaçons le miroir par une feuille de carton blanc; on voit la feuille de tous les points de la salle et on ne voit plus l'image de la source lumineuse. La lumière est renvoyée dans toutes les directions; ceci tient aux aspérités de la surface du carton; il y a réflexion irréulière ou *diffusion*.

C'est par diffusion que nous pouvons voir les objets éclairés; les nuages diffusent la lumière du soleil, un abat-jour blanc celle d'une lampe. On se sert de globes diffuseurs, en verre ou porcelaine, pour répartir uniformément une lumière très vive.

QUESTIONS ET EXERCICES

1. Qu'appelle-t-on point symétrique d'un autre par rapport à un plan; indiquer la manière de le construire.

2. Résumer les deux lois de la réflexion.

3. Montrer qu'elles découlent de ce fait, que l'image d'un point S dans un miroir plan, est symétrique de S par rapport au miroir.

4. Qu'est-ce qu'un image virtuelle?

5. Comment expliquez-vous la formation des images virtuelles données par les miroirs plans?

6. Dans un théâtre forain on a disposé devant la scène une glace sans tain inclinée à 45°, une personne placée devant est couchée horizontalement, quelle sera la position de son image pour l'observateur qui reçoit la lumière réfléchie?

7. Construire les images d'un objet placé entre deux miroirs angulaires faisant un angle de 60°. Application de ces miroirs.

8. Dans une cave obscure, arrive un faisceau de lumière solaire par le soupirail; pourrait-on éclairer vivement toute la cave, en se servant d'une simple feuille de papier? Expliquer.

LIVRE QUATRIÈME
ACOUSTIQUE

CHAPITRE I

PROPRIÉTÉS GÉNÉRALES DES SONS

§ 1. — NATURE DU SON

1. Tout corps sonore est animé d'un mouvement vibratoire.

Cas des solides. Expériences. — On fait résonner un verre en cristal en le frappant avec le doigt. Si on le touche, alors on sent un frémissement qui indique des mouvements de va-et-vient, très petits et très rapides, appelés *vibrations*; on dit que le corps *vibre*. Un pendule, quel'on appuie sur le bord du verre, est vivement projeté de *a* en *a'* (fig. 154). De l'eau qu'on y met se couvre de rides. On pourrait répéter l'expérience avec une cloche, un timbre; enfin montrer d'une manière analogue que tout corps solide qui résonne est le siège de vibrations.

Si on arrête avec le doigt le mouvement vibratoire on constate que le son s'éteint.

Cas des gaz. — Dans des tuyaux d'orgue, dans les instruments à vent, c'est un corps gazeux, l'air, qui rend un son.

Fig. 154. — Les vibrations de corps sonore sont accusées par le mouvement du pendule *a* et les rides que l'on voit sur le liquide.

Expérience. — Allumons du gaz d'éclairage au bout d'un tube effilé (fig. 155) et descendons près de la petite flamme un tuyau ouvert aux deux bouts; le tuyau rend un son et chante. Aussitôt nous voyons les vibrations accusées par le frémissement de la flamme.

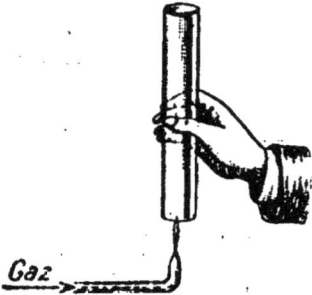

FIG. 155.

Cas des liquides. — De l'eau qui s'écoule par un ajutage convenable peut rendre un son, on constate encore que la veine liquide vibre.

Ces expériences, et beaucoup d'autres, prouvent que tout corps sonore vibre, et que le mouvement vibratoire est la cause de la production du son.

2. En quoi consiste le mouvement vibratoire.

Expérience. — Serrons dans un étau une lame d'acier (fig. 156), écartons-la de sa position d'équilibre de A en A′ et lâchons-la. La lame exécute des oscillations de A′ en A″ et inversement. On peut les suivre à l'œil.

Une *vibration complète* comprend une allée de A′ en A″, et une venue de A″ en A′.

La durée d'une vibration s'appelle période.

Le nombre de vibrations exécutées par seconde est la *fréquence* du mouvement vibratoire.

Si on raccourcit peu à peu la lame, les vibrations deviennent de plus en plus fréquentes tout en gardant le même

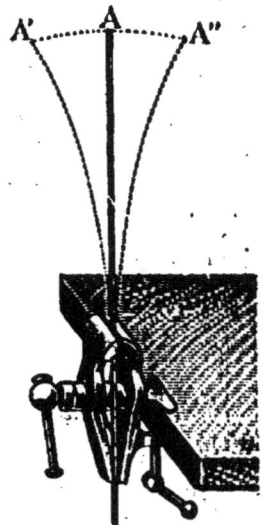

FIG. 156. — Mouvement vibratoire.

caractère. Quand elles sont assez nombreuses (1), on entend un son.

§ 2. — PROPAGATION DU SON

1. Le son ne se propage pas devant le vide.

Expérience. — Un ballon B (fig. 157) contient une clochette soutenue par un corde non élastique. On y fait le vide, puis on agite la clochette, on n'entend aucun son. Laissons rentrer l'air, le son renaît.

2. Le son se propage à travers les corps élastiques. — Nous venons de le voir, les gaz transmettent les sons.

Il en est de même des liquides. Un bruit produit dans l'eau est très bien entendu par une personne placée dans une cloche à plongeur ou dans un sous-marin.

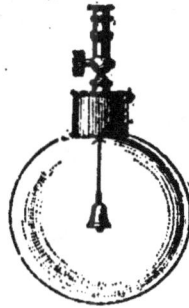

FIG. 157. — Le son ne se propage pas dans le vide.

Les sons se propagent encore mieux par les solides. Si on gratte faiblement avec une épingle l'extrémité d'une poutre, le son est nettement perçu par un observateur qui applique son oreille à l'autre bout, et cela, quelle que soit la longueur de la poutre (2).

3. Vitesse de propagation du son dans l'air. — Nous voyons la lueur d'un coup de fusil tiré à distance avant d'entendre le son : donc la propagation du son dans l'air n'est pas instantanée.

(1) Plus de 16 par seconde.

(2) Un corps non élastique ne transmet pas les sons. Les tentures, les portes rembourrées, étouffent les bruits produits dans les appartements.

De plus tous les sons se propagent également vite. Nous savons en effet que si l'on se promène en écoutant un orchestre de musiciens, les accords ne changent pas, quelle que soit la distance. Les notes, émises en même temps, arrivent donc ensemble à l'oreille.

La *vitesse du son est le chemin qu'il parcourt en une seconde.* On l'a mesurée à plusieurs reprises; entre autres en 1822, sur la distance qui sépare Villejuif de Montlhéry. La nuit, on tirait un coup de canon à l'une des stations; à l'autre, on notait l'instant où l'on voyait la lumière du coup, puis le moment où l'on entendait le son. Le nombre de secondes, compté entre ces deux instants, était le temps mis par le son pour franchir la distance des deux stations, 18,612 m. 5.

On nota une moyenne de 54 s, 6; la vitesse du son est donc

$$\frac{18.612}{54,6} = 340 \text{ mètres}$$

par seconde (1).

On a pu mesurer la vitesse du son dans l'eau douce, on a trouvé 1.435 mètres.

Dans l'acier, la vitesse est de 5,000 mètres.

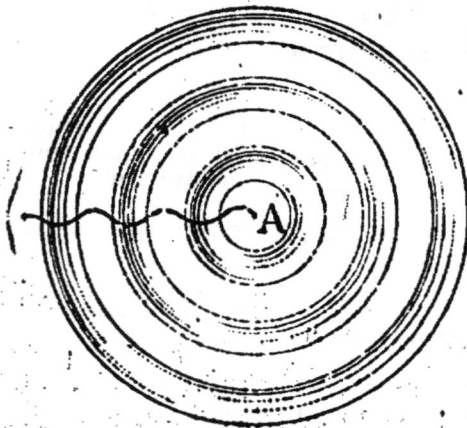

Fig. 158. — Propagation des ondes.

La propagation des ondes liquides est une image de la propagation des ondes sonores.

4. Mécanisme de la propagation. —

Pour avoir une image de la manière dont se propagent les vibrations, il suffit de regarder la propagation des ondes liquides. Quand on jette une pierre dans l'eau, on voit une série de rides circulaires (fig. 158)

(1) On néglige le temps mis par la lumière pour franchir les 18 kilomètres, car la transmission est presque instantanée. La lumière se propage en effet avec une vitesse de 300.000 kilomètres par seconde.

qui partent du point choqué et s'en éloignent. Un corps qui flotte sur l'eau est alternativement soulevé et abaissé par l'onde qui passe *sans l'emporter*. Il exécute des vibrations sur place.

De même un corps sonore ébranle les couches d'air autour de lui. L'ébranlement se propage dans toutes les directions avec une vitesse de 340 mètres par seconde. Chaque tranche d'air vibre sur place et exécute des oscillations comme le corps sonore lui-même. Le mouvement d'une tranche se transmet à la suivante, il arrive au tympan qui vibre à son tour; ce qui donne naissance au son.

§ 3. — RÉFLEXION DU SON

1. Définition. — Si on émet un son devant un obstacle, tel qu'un mur éloigné, le son revient vers l'observateur et semble partir d'un point situé derrière le mur; c'est le phénomène de l'écho. On appelle *réflexion du son* le changement de direction qu'éprouve le son quand il rencontre un obstacle.

2. Lois de la réflexion. — Elles sont les mêmes pour le son et la lumière.

Expérience. — Au foyer F d'un miroir sphérique concave on place une bougie, les rayons réflé-

Fig. 159. — Expérience des miroirs conjugués. La figure représente la propagation de la lumière de F en F'.

chis par le miroir frappent un deuxième miroir M' qui les renvoie vers son foyer F'. On obtient en F', sur un petit écran en papier une image de la bougie (fig. 159).

Remplaçons la bougie par une montre, les rayons sonores, émis en F, sont concentrés en F' de la même façon. En F' on entend le tic-tac aussi distinctement que si la montre était à l'oreille.

On a une image de la réflexion des ondes sonores dans la réflexion des ondes liquides qui frappent un mur vertical. Elles reviennent en sens contraire (fig. 160) comme si elles partaient d'un point A' symétrique de A par rapport au mur.

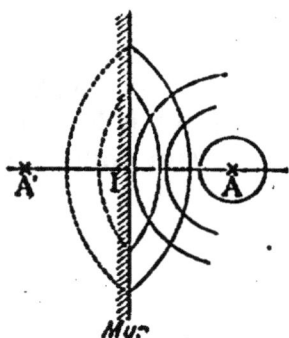

Fig. 160. — Réflexion des ondes sonores.

3. Résonance. — L'oreille ne peut distinguer deux sons successifs, quand l'intervalle de temps qui les sépare est moins de $1/10^e$ de seconde.

Revenons à l'écho. Le son émis en A, revient, après avoir parcouru deux fois le chemin AI (fig. 160); il doit mettre au moins $1/10^e$ de seconde à le faire, sinon le son émis et le son réfléchi se confondent. En $1/10^e$ de seconde le son parcourt 34 mètres; donc pour qu'il y ait écho, la distance AI doit être supérieure à 17 mètres.

Si AI est plus petit que 17 mètres, le son réfléchi continue le son émis, il y a *résonance*. Dans les salles un peu vastes, théâtres, salles de conférences, etc., la résonance empêche souvent d'entendre les orateurs, parce que les sons émis et réfléchis forment un chaos inintelligible. Pour améliorer l'acoustique, on supprime la résonance à l'aide de draperies qui empêchent la réflexion; ou, comme dans les théâtres, on multiplie les saillies et ornements des murs pour briser les ondes sonores.

QUESTIONS ET EXERCICES

1. Indiquer comment on pourrait mettre en évidence les vibrations d'un timbre qui résonne.

2. Définir ce qu'il faut entendre par vibration, période, fréquence du mouvement vibratoire.

3. Quand on marche sur les rives d'un cours d'eau, les poissons s'enfuient. Quand on parle ils ne s'enfuient pas. Expliquer ces deux phénomènes.

4. Le téléphone à ficelle est formé de deux petites boîtes dont le fond est du parchemin, une ficelle tendue relie les deux membranes. Sur quelle propriété est basé cet appareil et expliquer son fonctionnement?

5. Comment construire un cabinet complètement sourd?

6. Entre Montmartre et Montlhéry la distance est 29 kilomètres; le son met 85 s. 3 pour la franchir; trouver la vitesse du son.

7. On voit un éclair; et 3 secondes après on entend le coup de tonnerre; à quelle distance se trouve le nuage orageux?

8. Un chasseur distant de 500 m. tire un coup de fusil. Quel intervalle de temps s'écoulera entre la vision du coup et l'audition du bruit?

9. Un observateur O émet un son à 60 m. d'un mur vertical. Combien de temps s'écoulera, entre l'émission du son et l'audition du son réfléchi?

10. Un auditeur est placé en O' à 30 m. du premier et à la même distance du mur. Au bout de combien de temps entendra-t-il : 1° le son émis; 2° le son réfléchi?

CHAPITRE II

QUALITÉS DU SON

Nous distinguons trois qualités des sons : l'intensité, la hauteur et le timbre.

§ 1. — INTENSITÉ DU SON

1. Définition. — Un même son peut être fort ou faible, on dit alors qu'il est plus ou moins intense. L'intensité est donc l'énergie avec laquelle un son ébranle l'oreille.

2. De quoi dépend l'intensité.

Première expérience. — Ébranlons fortement une corde de harpe ou de violon, elle vibre en un large fuseau et rend un son intense (fig. 161). Quand le son faiblit, on remarque que l'amplitude des vibrations diminue aussi.

FIG. 161. — Intensité des sons.
Quand le son faiblit on voit l'amplitude de la vibration diminuer.

Deuxième expérience. — Une expérience plus précise consiste à forcer le corps sonore à inscrire son mouvement. Voici le principe de cette méthode. Prenons un morceau de craie et traçons au tableau une ligne droite verticale **X X'**. Recommençons le tracé et, pendant que notre main descend verticalement, faisons-la osciller de part et d'autre de la droite XX'; la craie tracera une ligne sinueuse (fig. 162) dont les dentelures AB mettent en évidence les oscillations de la main et en marquent l'amplitude.

Prenons maintenant comme corps sonore un dia-

Fig. 162.— Inscription graphique des vibrations.

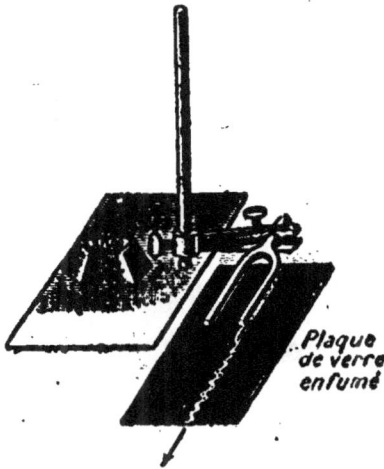

Fig. 163. — Inscription des vibrations.

Dispositif simple permettant d'enregistrer sur une plaque de verre enfumé les vibrations d'un corps sonore.

pason, et fixons à l'une des branches une lame mince de laiton taillée en pointe (fig. 163); elle suivra le diapason dans toutes ses vibrations. Amenons cette pointe à toucher une lame de verre couverte de noir de fumée. Si on fait glisser la lame de verre sous la pointe immobile, celle-ci trace une ligne droite. Si on recommence, en faisant vibrer le diapason, on aura comme tout à l'heure une ligne sinueuse; et l'amplitude d'une oscillation sera marquée par la longueur AB (fig. 162). On constate qu'au fur et à mesure que le son faiblit, l'amplitude diminue.

8. Influence de la distance. — Quand on s'éloigne d'une source sonore, l'intensité du son diminue rapidement. La raison de ce fait, c'est que l'énergie sonore ébranle un plus grand nombre de points, au fur et à mesure que l'onde s'éloigne de la source.

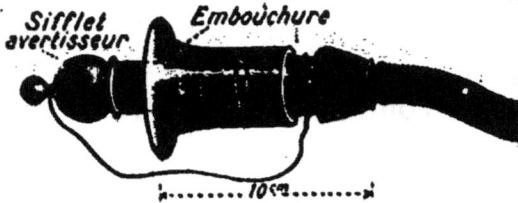

FIG. 164. — Tuyau acoustique.

Le tuyau est terminé à chaque extrémité par une embouchure et un sifflet avertisseur.
Quand on veut converser on ôte le sifflet.

A quelques mètres de distance, deux personnes ne peuvent s'entendre, tellement la voix est affaiblie. Pour remédier à cet inconvénient, on fait usage des tuyaux dits acoustiques,

FIG. 165. — Porte-voix.

qui transmettent la voix dans une seule direction et sans l'affaiblir (fig. 164). A bord des navires, on utilise le porte-voix qui renforce le son et le dirige (fig. 165).

FIG. 166. — Cornet acoustique.

Pour écouter un son faible, on emploie le cornet acoustique (fig. 166). On tourne le pavillon vers l'arrivée des ondes sonores; celles-ci sont concentrées vers le petit bout qu'on introduit dans l'oreille.

§ 2. — HAUTEUR

1. Définition. — La hauteur distingue un son grave d'un son aigu. Deux sons de même hauteur sont dits à l'unisson.

2. De quoi dépend la hauteur. — Considérons deux sons de même hauteur. Inscrivons simultanément leurs vibrations sur une même surface; on voit qu'ils exécutent dans un même temps le même nombre de vibrations.

Supposons deux sons de hauteur différente, l'un grave, l'autre plus aigu, rendus par deux diapasons ; comparons les deux courbes S et S' tracées par eux sur la lame enfumée (fig. 167). Menons deux traits parallèles a et b ; les vibrations comprises entre ces deux traits ont été faites dans le même temps. On voit qu'elles sont plus nombreuses pour le son aigu que pour le son grave.

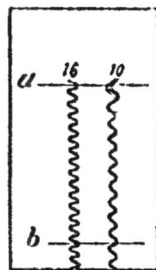

Fig. 167. — Hauteur des sons.

Le son aigu exécute plus de vibrations que le son grave dans le même espace de temps.

Fig. 168. — Diapason monté sur sa caisse de résonnance.

Donc la hauteur dépend du nombre des vibrations exécutées par seconde.

3. Diapason. — Un diapason est une fourche en acier dont les deux branches sont réunies par une tige également en acier (fig. 168).

Frottons les branches d'un diapason avec un

archet, il rend un son pur, de hauteur invariable.

On trouve communément dans le commerce le dia-pason la_3, qui donne le *la* de la 3° gamme. Il fait 435 vibrations par seconde; il sert aux musiciens pour accorder leurs instruments.

Le son d'un diapason est faible; il devient plus intense quand on appuie la tige sur une table qui se met à vibrer elle-même. Aussi monte-t-on quelque-fois le diapason sur une boîte en sapin, ouverte d'un côté (fig. 168). L'air de cette boîte vibre à l'unisson du diapason et renforce ses vibrations.

4. Limite des sons musicaux. — La note la plus grave des pianos est do_{-1} qui fait 32 vibrations par seconde; la plus élevée est do_6 qui fait 4.048 vibrations. Les sons d'un orchestre sont compris entre ces deux limites. Dans les grandes orgues on descend parfois jusqu'au do_{-2}, de 16 vibrations par seconde.

§ 3. — TIMBRE

1. Définition. — Le la_3 d'un violon celui d'un piano, celui d'une clarinette, sont des sons de même hauteur, à l'unisson. Cependant nous les distinguons par le timbre. Le timbre, ou nuance des sons, est cette qualité qui nous permet de distinguer deux sons de même hauteur.

2. De quoi dépend le timbre. — Le timbre est dû à ce que chaque son n'est pas simple. Il est accom-pagné d'autres sons, dits harmoniques, plus aigus, qui se superposent à lui. Il en résulte que la *forme* des vibrations n'est pas tout à fait la même pour des sons de même hauteur, rendus par des instruments diffé-tents.

C'est le timbre qui permet de distinguer les voix de deux personnes donnant la même note.

3. Phonographe. — Le phonographe est un instrument merveilleux. Il enregistre toutes les vibrations avec leurs particularités, et permet ensuite de les reproduire.

Description. — Le phonographe comprend un cornet acoustique qui aboutit à une capsule en ébonite, dont l'une des faces est formée d'une lame mince en mica. Cette lame vibrante (diaphragme), est reliée à une pointe qui appuie sur un disque ou sur un cylindre en cire, animé

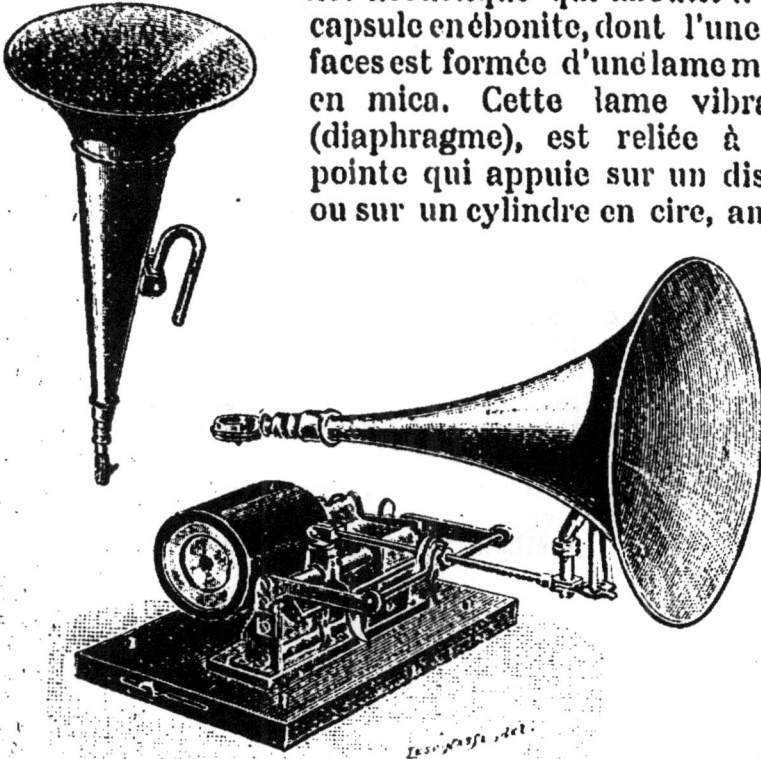

FIG. 169. — Phonographe.
On voit à gauche le cornet et le diaphragme inscripteur.

d'un mouvement de rotation uniforme (fig. 169).

Inscription. — La pointe du diaphragme est très aiguë : quand le cylindre tourne, cette pointe attaque la surface et y trace un sillon de profondeur uniforme. Si on parle devant le pavillon, les ondes sonores sont concentrées sur la membrane et la font vibrer. La pointe s'enfonce alors à des profondeurs variables et trace une ligne gaufrée.

Reproduction. — Pour la reproduction on emploie un diaphragme à pointe mousse, et on la fait repasser par le sillon tracé précédemment. Elle en suit les sinuosités et les vibrations sont reproduites fidèlement ainsi que les sons avec leurs qualités, hauteur, intensité et timbre. Cette fois, le cornet renforce l'intensité des sons rendus par le diaphragme.

QUESTIONS ET EXERCICES

1. On dispose d'un timbre et d'un petit pendule, pourrait-on montrer avec ce matériel que l'intensité d'un son dépend de l'amplitude? Expliquer.

2. On dispose d'une tige en acier et d'un étau. Pourrait-on montrer avec ce matériel que la hauteur des sons dépend du nombre des vibrations exécutées par seconde? Expliquer.

3. Pourrait-on montrer à l'aide du phonographe que le la d'un piston et celui d'une clarinette sont dus à des vibrations de forme différentes?

4. Quelle est la méthode la plus précise pour étudier un son? La décrire.

5. Entre deux traits parallèles (fig. 167) on a compté 25 vibrations pour un son et 16 pour l'autre. Sachant que ce dernier fait 50 vibrations par seconde, quelle est la fréquence du premier?

TABLE DES MATIÈRES

LIVRE PREMIER

PESANTEUR

9.

LIVRE III

OPTIQUE

LIVRE IV

ACOUSTIQUE

TYP. GARNIER (CHARTRES). 268.9.13.

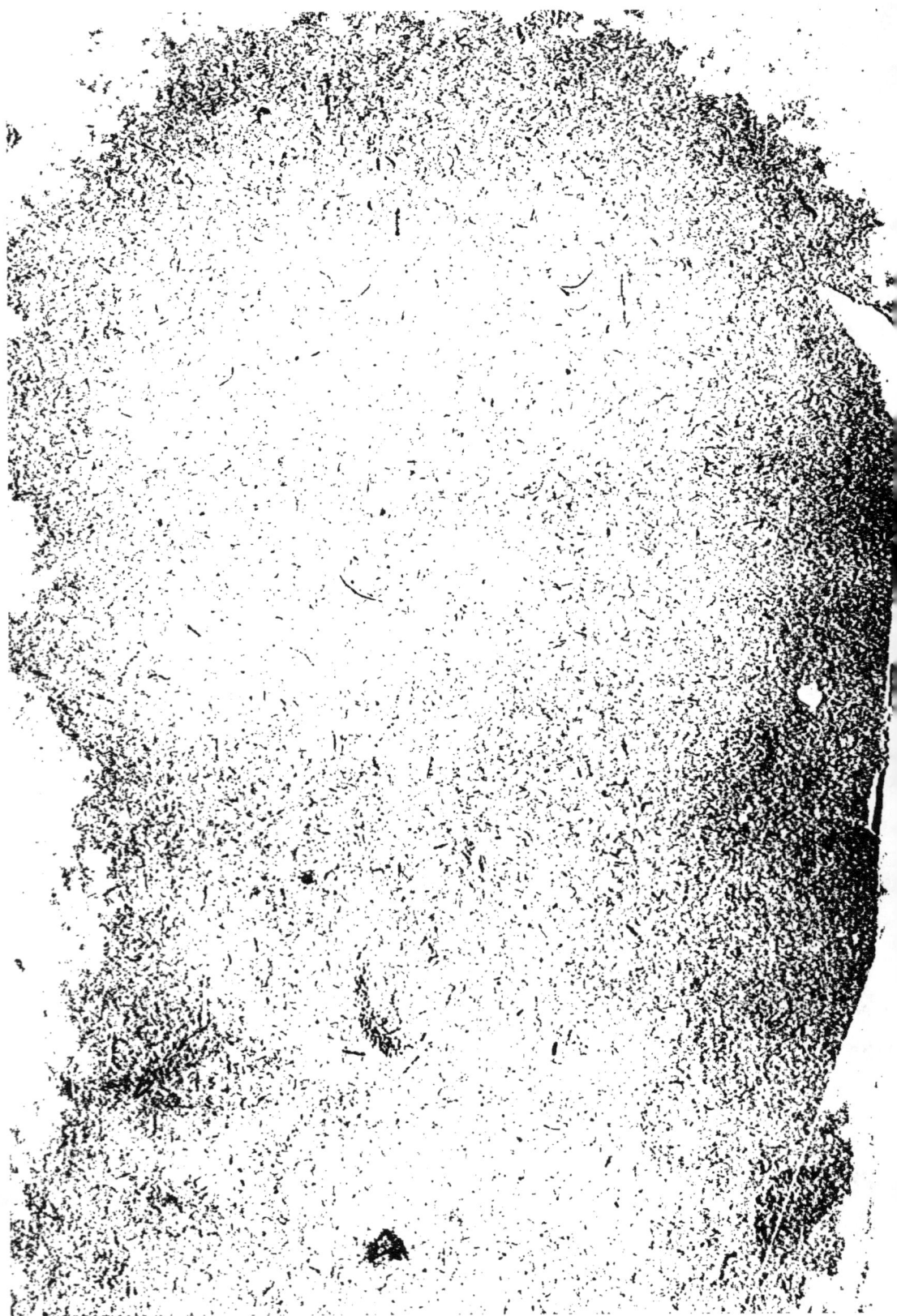